基於企業價值創造的
無形資源問題研究

邱凱、李海英 著

財經錢線

前　言

　　社會經濟發展、科學技術進步促使企業組織生產和市場競爭的基礎從有形資源逐漸轉化為代表知識、技術、經驗等的無形資源，並改變了企業的價值創造方式。首先，新興的科技創新型企業已經不再依賴巨額的固定資產來創造財富，有形資源的價值創造能力逐漸被各種無實物形態的資源所趕超。其次，從企業營運層面來看，科學技術的具體表現形式——知識和管理能力，在企業經營和發展過程中起到了重要的作用，而人作為知識、經驗、能力和技術的載體，在企業價值創造過程中的地位得到了前所未有的提高，這同時也對企業的產權配置產生了直接影響。

　　財務學不僅關注企業內部的資金運動，還研究資金流動所代表的價值生產和分配過程。不過，傳統財務學眼中的價值創造過程只是資金等不同有形資源之間的形式轉換和價值運動，忽略了那些沒有實物形態、未作為資產列報的資源的價值創造能力，從而無法對企業價值創造機理和企業財務本質做出全面、透澈的判斷。鑒於此，財務學理應將無實物形態的資源作為專門的研究對象納入學科的研究範疇。這既是社會經濟發展的必然趨勢，也是財務學科自身演進的客觀要求：通過無形資源拓展財務學的研究範疇，使財務學與企業戰略聯繫更加緊密，實現財務學到戰略財務學的轉變。

本書的總體研究思路可以概括為：在財務學範疇內，通過理論和實證研究方法對無形資源相關的概念、價值創造和產權問題進行系統研究。在理論分析方面，歸納現有的無形資源相關研究成果，概括無形資源的內涵定義，並對無形資源的相關概念外延、資源獲取及價值分配問題進行演繹和分析。實證研究方面則主要針對與無形資源緊密相關的價值創造、無形資源和有形資源配比關係等問題進行探討。

本書共分為9章，邱凱負責結構的安排和相關理論章節的撰寫，李海英負責第5章、第7章實證部分的撰寫。各章的內容概要如下：

第1章是導論，介紹本書的研究背景、研究目的和意義等。

第2章是理論基礎與文獻綜述。本章首先對無形資源研究的相關理論基礎進行了綜述，接著對現有研究無形資源的相關文獻進行了梳理和總結。

第3章是無形資源概念研究。這章對無形資源進行了定義，並分別對其包含的人力資源、組織資源和關係資源的概念及內在聯繫進行了分析和梳理。另外，本章還對與無形資源相關的「無形資本」等概念進行了區分和界定。

第4章是無形資源對企業市值影響的實證分析。本章在相關研究的基礎上建立了面板數據模型，其中以公司市場價值的增長率作為被解釋變量，以工資費用、管理費用和銷售、廣告費用分別代替不同形式的無形資源投入水平並作為解釋變量，以確定無形資源在公司市場價值中所起到的作用。迴歸分析結果符合本書的理論邏輯框架，即無形資源能有效提高企業市場價值，所有代表無形資源效率的變量係數均是有效的，而行業層面的無形資源的影響更加顯著。

第5章是無形資源價值創造機理研究。以知識要素為基礎的生產和競爭環境促進了企業價值網路的形成，價值形成和創

造機制也因無形資源的出現而發生了變化，單一企業的價值生產已經被包含多重價值屬性的價值網路取代。企業的價值創造模式受到企業價值網路中個體、群體、組織、組織間的利益相關者互動關係的影響。價值網路拉近了不同利益相關者之間的聯繫，其聯繫紐帶正是不同類型的無形資源及其交互關係。在以無形資源為關鍵資源的價值創造體系中，無形資源在資源網路系統中的動態轉換及不同資源要素之間的轉換和耦合，創造了代表新價值的經濟租金並實現了資源的合理配置。

第6章是無形資源獲取戰略研究。企業組織所擁有的任何無形資源都需要經過長期的投資、經營和累積。因此企業必須根據外部環境和價值網路的特點制定相應的無形資源管理戰略，從而形成具有持續效應的無形資源。

第7章是無形資源與有形資源配比關係的實證分析。無形資源必須與有形資源進行合理配比，才能夠實現價值的最大化產出。本章對托賓Q計算公式進行了一系列的變形，並與改進的Hamiltonian公式結合，得到了無形資源投資量與有形資源存量、投資量之間存在線性關係的結論，並據此建立了實證分析模型，來分析企業無形資源投入水平與有形資源存量和投入額之間的比例關係。通過對模型的迴歸分析，本書發現無形資源消耗速度要慢於有形資源的消耗，也就是說企業一旦獲取無形資源，就能獲得更加持久的價值增值。

第8章是無形資源產權問題研究。不同時代和經濟背景下，企業和資本的產權形式也在不斷進行著演化，不過產權始終支配著企業的價值流動和資源轉換活動。企業進行產權劃分能夠有效提升企業內部公平與效率，創造更大價值。本章選擇阿里巴巴集團的產權分配模式進行案例研究，對其無形資源水平、經營業績和產權配置等問題進行了系統分析，認為該公司的合夥人模式是一種能有效解決無形資源產權配置衝突的方法。

第9章是本書的研究總結與研究展望。

本書擬提出以下觀點：

（1）知識經濟時代，無形資源的價值創造問題使企業整個價值生產流程發生了巨大變化。

（2）傳統財務學並沒有過多涉及企業的無形資源價值創造問題，而無形資源恰好又是當前企業價值增長的主要源泉。因此我們有必要拓展傳統財務學的研究範圍，做到與時俱進，以適應外部環境和財務學內在要求的變化。

（3）雖然無形資源可以為企業創造價值，但是由於現有會計準則中還沒有無形資源資產化的相關規定，因此企業對無形資源的投入僅僅反應在利潤表中的相關成本費用之中，這就給無形資源的量化研究設置了阻礙。不過，企業所擁有的無形資源投入水平與費用、成本之間仍然存在著某種特定的相關關係。因此我們可以利用一些能夠量化的替代指標以及相對指標來進行無形資源價值創造的量化研究。

（4）從行業角度來看，無形資源是決定行業市場價值的主要因素，而企業層面的無形資源只是影響其市值的主要因素之一。

（5）無形資源的價值創造能力和產權「異質性」對企業的產權分配產生了巨大的影響。企業在進行產權分配時必須摒棄「資本強權觀」，賦予無形資源所有者相應的收益權、控制權，才能充分實現企業內部的公平與效率。

在知識經濟背景下，企業必須高度重視以人力資源、組織資源和關係資源等為代表的無形資源，應有針對性地進行持續的經營、管理創新，從而提高企業整體價值。

本書的主要創新點在於：運用經濟學和管理學的相關理論，結合財務學的特點對無形資源問題進行拓展性研究，開闢了「無形資源」的全新研究領域。在財務學範疇內，構建了無形資

源的整體研究框架，揭示了無形資源的價值創造機理，闡述了其獲取戰略，並討論了無形資源的產權問題。

　　本書結合財務學、新制度經濟學和產權經濟學中產權的相關理論，對無形資源的產權屬性進行了系統闡述。隨著無形資源價值創造力的提升，作為無形資源所有者的企業員工如果無法獲得相應的剩餘控制權和剩餘索取權，必然會產生產權衝突，從而影響企業的價值生產活動。對於企業而言，必須充分提高產權分配的合理性，以提高價值創造效率，實現有效的產權激勵。

目 錄

1 導論 / 1
   1.1 研究背景 / 1
   1.2 研究目的和意義 / 5
   1.3 研究思路 / 8
   1.4 研究範圍界定和內容框架 / 10
   1.5 研究方法 / 14
       1.5.1 文獻研究法 / 15
       1.5.2 定性分析法 / 16
       1.5.3 定量研究法 / 16
       1.5.4 案例分析法 / 17
   1.6 主要觀點和預期創新 / 17
       1.6.1 本書的主要觀點 / 17
       1.6.2 本書的創新點和研究深度 / 18

2 理論基礎與文獻綜述 / 20
   2.1 無形資源相關理論基礎 / 20

  2.1.1 交易費用理論 / 20

  2.1.2 產權理論 / 22

  2.1.3 企業價值創造理論 / 24

  2.1.4 新經濟增長理論 / 29

  2.1.5 利益相關者理論 / 30

  2.1.6 人力資本理論 / 31

  2.1.7 戰略管理理論 / 32

2.2 研究無形資源的動因 / 33

  2.2.1 資源概念的拓展 / 34

  2.2.2 企業價值生產的變化 / 36

  2.2.3 企業戰略的演進 / 37

2.3 本章小結 / 44

3 無形資源概念研究 / 45

3.1 無形資源相關概念的界定 / 45

  3.1.1 資源、資本和資產概念的區分 / 45

  3.1.2 無形資源、無形資產和無形資本 / 48

3.2 無形資源的定義 / 50

3.3 無形資源的分類 / 52

  3.3.1 人力資源 / 53

  3.3.2 組織資源 / 57

  3.3.3 關係資源 / 62

3.4 三種無形資源關係分析 / 67

  3.4.1 人力資源和組織資源的關係 / 68

3.4.2 人力資源和關係資源的關係 / 69

   3.4.3 組織資源和關係資源的關係 / 70

 3.5 本章小結 / 72

4 **無形資源對企業市值影響的實證分析** / 73

 4.1 理論分析與研究設計 / 73

 4.2 描述性統計 / 79

 4.3 迴歸分析結果 / 83

   4.3.1 行業層面的迴歸分析及檢驗 / 83

   4.3.2 企業層面的迴歸分析及檢驗 / 86

 4.4 研究結論 / 88

5 **無形資源價值創造機理研究** / 89

 5.1 企業價值網路的形成 / 89

   5.1.1 資源網路化配置與資源網路系統的形成 / 90

   5.1.2 資源在價值網路中的運行 / 93

 5.2 資源轉換與價值創造過程 / 95

   5.2.1 資金和其他有形資源之間的轉換——現金流與實物流 / 96

   5.2.2 無形資源之間的轉換 / 97

   5.2.3 有形資源與無形資源之間的轉換 / 100

 5.3 資源轉換的價值創造機制及其影響因素 / 103

   5.3.1 李嘉圖租金 / 104

   5.3.2 熊彼特租金 / 104

   5.3.3 關係租金 / 106

5.4　本章小結 / 108

6　無形資源獲取戰略研究 / 109

6.1　無形資源獲取的戰略規劃 / 110

6.2　無形資源的內部戰略 / 113

6.2.1　知識開發戰略 / 113
6.2.2　知識利用戰略 / 115

6.3　無形資源的外部戰略 / 116

6.3.1　外部學習能力 / 117
6.3.2　影響外部學習能力的因素 / 118
6.3.3　基於組織學習的無形資源外部戰略 / 119

6.4　無形資源戰略的具體實施 / 120

6.4.1　專利化戰略的實施 / 120
6.4.2　研發戰略的實施 / 122
6.4.3　關係構建戰略的實施 / 124

6.5　本章小結 / 125

7　無形資源與有形資源配比關係的實證分析 / 127

7.1　理論分析和研究設計 / 127

7.1.1　理論方法 / 129
7.1.2　模型設計 / 134

7.2　描述性統計 / 136

7.3　迴歸分析結果及檢驗 / 138

7.4　研究結論 / 142

8 無形資源產權問題研究 / 143

8.1 產權的起源 / 144
8.1.1 產權界定技術的進步 / 144
8.1.2 資源的稀缺程度提高 / 145
8.1.3 要素和產品相對價格的長期變動 / 146

8.2 產權的內涵與特徵 / 147
8.2.1 產權的內涵與外延 / 147
8.2.2 產權的特徵 / 149

8.3 無形資源的產權配置 / 152
8.3.1 資源產權和屬性 / 153
8.3.2 無形資源產權的獨特內涵 / 154
8.3.3 無形資源對企業產權配置的影響 / 155
8.3.4 無形資源產權的衝突及協調 / 158

8.4 案例分析：阿里巴巴的上市之路 / 161
8.4.1 問題界定與案例選取 / 161
8.4.2 案例背景介紹 / 161
8.4.3 案例評析 / 163

8.5 本章小結 / 172

9 研究總結與研究展望 / 174

9.1 研究總結 / 174
9.1.1 無形資源及其價值創造機理 / 174
9.1.2 企業價值創造方式的演化 / 175
9.1.3 無形資源產權屬性 / 176

9.2 研究不足與研究展望 / 176

    9.2.1 無形資源實證研究的局限和研究難點 / 176

    9.2.2 研究展望 / 177

參考文獻 / 181

1 導論

1.1 研究背景

　　20世紀中后期，一場以電子計算機和信息技術的大範圍應用和推廣為代表、涉及諸多領域的第三次工業革命開始對人類社會產生影響①。與前兩次工業革命類似，不斷湧現的新技術、新工藝和新方法給社會化大生產帶來了巨大的變革。進入21世紀后，人工智能、微電子和通信技術的高速發展將這次工業革命推向了新的高潮，各種以高新技術作為核心競爭力的現代企業如雨后春筍般湧現，科學技術史無前例地改變著人們的生活方式與社會生產範式。

　　如果將視線轉移到社會經濟的基本單位——企業，可以發現科技水平的提升使企業同樣面臨經營、管理和運作過程中的各種根本性變化。首先，新興的科技創新型企業已經不再依賴巨額的固定資產來創造財富，有形資源的價值創造能力逐漸被各種無實物形態的資源趕超。按照股票的市場價值排序，2013年年末全球市值排名前十的企業中有蘋果（Apple）、微軟（Mi-

---

　　① 第三次工業革命也被稱為第三次科技革命。

crosoft）和谷歌（Google）等三家信息技術（IT）企業，其中Apple的股票市值更是超出擁有大量油氣資源的埃克森美孚公司。① 與其他排名靠前的企業相比，這三家IT企業所擁有的固定資產存量數額和比例遠低於榜單上的傳統工業企業。其次，從企業營運層面來看，科學技術的具體表現形式——知識和管理能力，在企業經營和發展過程中起到了越來越重要的作用，而人作為知識、經驗、能力和技術的載體在企業價值創造過程中的地位得到了前所未有的提高，這也直接影響到了企業的產權配置。例如，在美國上市的谷歌（Google）、臉譜（Facebook）、新聞集團（News Corporation）、領英（LinkedIn）、高朋（Groupon）、星佳（Zynga）、百度、人人、優酷、土豆等企業均採用了雙重股權結構（Dual-class share structures），即充當企業管理層的企業創始人團隊所擁有股份的投票權要大於其他股東所擁有的投票權。② 這一治理結構不僅能保證僅擁有較少股份的企業創始人團隊能夠掌握經營決策權和未來發展方向，還能提高創始人團隊在價值分配中的地位。秉承著存在即合理的思想，資本市場對這些擁有新型治理結構的企業的接受意味著投資者認為Google等科技創新型企業的創始人團隊所具備的價值創造能力勝於（至少不遜於）貨幣資本的價值創造能力，因此他們也相應地應當享有企業的經營決策權、控制權和收益分配權等。

　　進一步考察企業的價值創造模式，可以發現在這樣一個全新的知識經濟時代中，企業的價值創造機制同樣也發生著深刻的變化：傳統觀念中那些承載著價值創造任務的資金、固定資產等有形資源正在逐漸被知識、技能等所謂「暗物質」③ 所取

---

① 數據來源：http://www.factset.com/。
② 這類混合治理結構的企業一般將普通股設計成兩種類型，兩種類型股票投票權為1：10。
③ 所謂「暗物質」，即沒有實物形態且難以作為資產進行核算的資源。

代,而這些依附於人而產生的「暗物質」資源,雖然沒有實物形態,但其所帶來的價值增值卻遠遠超過了有形的資金、固定資產等資源。儘管它們在國家經濟數據、企業財務報表中難覓蹤影,不過卻真真切切地在促進國家經濟發展和企業成長中發揮著關鍵性作用。學術界對「暗物質」的研究由來已久,雖然其價值創造能力為人們所公認,但是不同的研究角度使得學者們對「暗物質」給出了不同定義,並以「無形資產」「無形資本」「知識資產」「人力資本」等不同名詞來指代。從學科層面來看,大多數相關研究都處於經濟學、管理學甚至統計學的範疇,而財務學或會計學視角的研究並不多。本書認為,對於「暗物質」的研究,必須先確定具體的學科範疇,接著在學科框架下對核心概念的內涵與外延加以適當定義,再進一步分析與之相關的獲取、價值創造、分配等相關應用問題。

首先,在對「暗物質」的命名方面,若從會計的角度來看,上述「無形資產」「知識資產」等概念並不符合會計學對資產概念的定義。財務學的資產概念沿襲了會計學的嚴格界定,它必須是經濟利益流入、成本均可以準確計量的資源[1],因此「資產」並不適用於對「暗物質」的定義。財務學所關注的價值創造過程就是企業資源的價值生產過程,而傳統意義上的企業資源專指資金、原材料、固定資產等具有實物形態的資源。為了與這些有形資源相區別,本書專門提出了一個全新的「無形資源」概念,用以統攬企業內各種需要耗費一定成本而形成的、無實物形態、具備價值創造能力、卻無法在財務報表中以資產形式列報的各種資源。

嚴格地說,本書所討論的無形資源應被稱為不可辨認無形

---

[1] 資料來源於《企業會計準則——基本準則(2014修訂版)》第三章第二十條。

資源，或者表外無形資源，以區別於那些符合資產確認條件、可以被確認為無形資產的可辨認無形資源（表內無形資源）。總的來看，廣義的無形資源概念應包括各種能為企業創造價值的無實物形態資源，包括可辨認和不可辨認兩種無形資源。

　　財務管理目標在於企業價值的最大化，而財務目標與公司戰略目標的同質性特點也使財務學的研究具有了更多的戰略意義。[①] 價值創造方式的變革必然會對公司戰略帶來較大影響，這也會進一步地影響財務目標的實現。不過，傳統財務學對資源價值創造問題的研究建立在那些可以通過貨幣具體計量的有形資源基礎之上，從而使那些難以通過貨幣直接計量的資源被人為忽略，這顯然給財務學領域的價值創造研究設置了阻礙。

　　當前中國經濟正處於轉型期，金融危機之後的大規模經濟刺激計劃已經將貨幣要素投入型經濟增長模式的效應發揮到了極致。因此本次轉型的目標是要從貨幣要素投入的外延式擴張向高效率的集約式發展轉變，而效率的提升將依賴「創新」，即中國的經濟增長模式要由「要素驅動」向「創新驅動」轉變。如何進行經濟轉型也是《中華人民共和國國民經濟和社會發展第十二個五年規劃綱要》（以下簡稱《十二五規劃綱要》）、近幾年的政府工作報告和十八屆三中全會公報所反覆強調的問題。例如，《十二五規劃綱要》要求通過技術創新、產品智能化和研發水平的提高來提升傳統製造業；同時，站在戰略高度對科技含量較高的新型產業進行全方位的促進，提高其長期競爭力。

　　不論是《十二五規劃綱要》提出的具體要求，還是現實中正在經歷的悄然變化，都表明中國企業也面臨技術、智力、知識等傳統財務學關注範圍之外的無形資源逐步取代資金、固定資產等有形資源成為企業新的價值增長源泉的替換過程。由於

---

① 湯谷良. 戰略財務的邏輯 [M]. 北京：北京大學出版社，2011：7.

公司價值的創造機理已經逐步超越了有形資源的邊界,以企業戰略與價值創造過程作為研究對象的財務學亦必須做出相應的變化,以適應時代的進步和理論、實踐發展的要求。

在財務學範疇對「無形資源」進行研究既是社會經濟發展的必然趨勢,也是財務學科自身發展的客觀要求:通過無形資源拓展財務學的研究範疇,使財務學與公司戰略聯繫更加緊密,實現財務學到戰略財務學的轉變。人們在對無形資源相關問題的研究過程中,必須綜合運用經濟學和管理學的相關基礎理論,結合財務學中的基本概念和研究框架,對無形資源的定義、分類、價值創造和價值分配等問題進行系統性的深入分析,從而實現企業各類資源的最優配置和價值最大化的公司財務管理目標。

1.2 研究目的和意義

經濟活動中,人們必須通過資源的合理配置和有效利用來實現最佳收益。同樣,以價值最大化為戰略目標而存在的企業組織,其經營和管理過程中需要對各類型資源加以有效整合、合理利用,以實現價值最大化。隨著企業的生產和競爭的基礎從有形資源逐漸轉化為主要以人為載體的知識、技能等要素,企業的價值創造方式也發生了巨大的變化,這亦帶動了企業組織結構、治理結構等隨之改變。一方面,大批高新技術企業的誕生使公司的價值創造方式變得異常「神祕」:傳統會計學、財務學研究範圍之外的無形資源正在源源不斷地向企業、社會經濟提供價值增值。另一方面,企業存在的基礎已經不僅僅是股東和債權人,股東價值最大化也不再是企業唯一的財務目標。科學技術的不斷發展極大地促進了人與人、組織與組織之間信

息和知識交流的頻率、深度和規模。交通運輸、通信和網路技術的發展大大降低了信息成本和交易成本，企業日益扁平化、企業間網路不斷發展和擴張。隨著企業逐漸成為股東、債權人、員工、供應商、政府部門等利益相關者組成的價值網路中的一個節點，企業的傳統邊界也不復存在，這使得企業必須滿足股東、債權人、員工、供應商、政府部門等各自的價值訴求。一言以蔽之，企業的價值創造體系已經成為多維度的複雜系統。

　　財務學植根於經濟學、管理學，以會計信息為基礎來研究企業的價值創造問題。它從戰略和具體業務層面對資金、資源和價值的轉化進行了詮釋。財務學的本質是不同形式資金的轉換和流動[1]，其核心範疇是籌資、投資和分配活動，即通過將資金合理轉化為企業內部的各種資源，並對資源進行有效的整合與利用，為企業和利益相關者創造價值。不過，傳統財務學所關注的價值創造過程只是資金與其他有形資源之間的轉換和運動，忽略了那些沒有實物形態、難以準確估計其成本和經濟利益流入的資源的價值創造能力，從而造成了對企業價值創造機制和戰略規劃的扭曲。鑒於此，財務學理應將無實物形態的資源，也就是所謂的「無形資源」作為專門的研究對象納入研究範疇。

　　目前，人們對於無形資源的研究主要受制於現有會計準則對這類資源識別、列報的局限。事實上，無形資源的獲取同樣需要企業付出一定的對價，例如，給予科研人員足夠多的薪酬和福利、為創立企業文化而花費的成本等，不過這些現金流出按現行會計準則[2]的標準並不能以資產形式列報於資產負債表

---

[1] 郭復初. 財務專論 [M]. 上海：立信會計出版社，1998：156-157.
[2] 此處專指中國《企業會計準則》。事實上，《美國會計準則141~142號》便允許將客戶關係等無形資源作為資產進行列報。

中，只能呈現在利潤表的當期成本費用中。另外，無形資源產權的不明晰性也影響了企業公開披露其無形資源的投資情況。①

近年來，會計學的資產概念在不斷演變和拓展，但始終沒有涵蓋到無形資源。例如，中國 2006 年公布的《企業會計準則》便將資產定義中的「經濟資源」改為「資源」②，使得會計學中的資產概念正逐漸趨近於管理學一般意義上的資源含義。但是會計學始終都必須以「計量」作為其目標，以謹慎性作為其原則。這必然會導致無形資源始終難以滿足會計學關於資產確認的四大條件③：無形資源符合資產定義中關於「可定義性」和「相關性」兩項標準。不符合「可計量性」和「可靠性」兩項標準，雖然學術界和實踐界普遍認為其能為企業帶來「可預期的未來經濟利益」，但是由於無形資源的投入、產出以及存量價值都難以準確計量，其無法被現行的會計信息系統確認為資產入帳。因此，以會計學中資產定義為標準，能夠為企業帶來價值增值的資源只是資金、固定資產和商譽、權利等無形資產。這就忽略了企業員工所擁有的人力資源，以及企業組織所擁有的組織資源、文化資源、關係資源的價值創造能力。於是，以會計信息作為研究基礎的傳統財務學就「天然」地忽略了會計信息中並不包含的無形資源，從而使財務學範疇的價值創造過程研究失去了意義。

企業的資源不僅包含商標權、專利技術等部分能以資產形式計入資產負債表的無形資源（無形資產），還應涵蓋那些不符

---

① 巴魯·列弗. 無形資產——管理計量列報 [M]. 王志臺，等，譯. 北京：中國勞動社會保障出版社，2003：41.
② 財政部會計司編寫組. 企業會計準則講解 2008 [M]. 北京：人民出版社，2008：9.
③ 資料來源於《企業會計準則——基本準則（2014 修訂版）》第三章第二十條。

合會計學資產定義的無形資源。如果忽視企業無形資源問題的研究，仍按傳統邏輯將企業經營管理和戰略規劃等活動圍繞有形資源展開，必然會導致企業的價值管理體系和資源流動過程出現扭曲。這不僅在理論層面上違背了財務學的內在要求，無法對企業的價值創造進行有效的闡釋，在實踐層面亦難以指導企業的實際管理營運中各項具體的價值創造活動。目前，以無形資源作為研究對象的學術成果並不少見，但是從財務學角度研究無形資源給企業價值創造過程帶來變化等問題的學術成果還寥寥無幾。如果不深入探討無形資源的價值創造機制，不研究無形資源的產權性質，恐怕財務學將難以應對科學技術和知識經濟所帶來的衝擊。因此，從財務學視角研究無形資源，探討並構建無形資源的理論框架和方法體系，不僅具有重要的理論意義，也具有重要的實踐價值。對無形資源的研究，應做到以下幾點：第一，在財務學研究領域歸納並總結無形資源相關研究結論，對無形資源進行適當定義和分類，並分別對不同類型的無形資源特點及關係進行闡釋；第二，對無形資源的價值創造機理進行研究，明確其對企業價值創造活動具有的意義；第三，根據無形資源的特點為企業制定相關的獲取戰略，同時無形資源與有形資源的並存必然會使兩種資源之間存在著最佳的投資比例關係，以使企業價值達到最大化；第四，由於無形資源產權有別於傳統有形資源，因此有必要研究無形資源產權的特殊屬性及相關的產權分配問題。

1.3　研究思路

本書的總體研究思路可以概括為：通過理論和實證研究方法對無形資源相關的概念、價值創造和產權問題進行系統研究。

在理論分析方面，歸納現有的無形資源相關研究成果，概括無形資源的內涵定義，並根據財務學研究方法，對無形資源的相關概念外延、資源獲取及價值分配問題進行演繹和分析。實證研究方面則主要針對與無形資源緊密相關的價值創造、投資策略等問題進行探討。

　　由於環境的變化與財務學的內在要求，財務學的研究範圍也應適當進行拓展。財務學的本質是本金與資金的轉換和流動，其核心範疇是籌資、投資和分配等活動，即通過對企業內部各種資源的整合與利用，為企業利益相關者創造價值。不過，傳統財務學眼中的價值創造過程只是資金與其他有形資源之間的轉換和運動，忽略了那些沒有實物形態、難以準確計價的無形資源價值創造能力，從而難以對企業價值創造機制和財務本質做出全面判斷。鑒於此，財務學理應將無實物形態的資源，也就是所謂的「無形資源」作為專門的研究對象納入學科的研究範疇。本書在對現有的相關學術研究整理歸納的基礎上，對無形資源進行定義，並對其所包含的人力資源、組織資源和關係資源，分別就其概念及內在聯繫進行分析和梳理。雖然無形資源同有形資源一樣能夠創造價值，但是其產生背景、作用機理、產權屬性等與后者存在顯著差異。本書以知識經濟背景下企業的組織構架、財務管理目標和價值創造方式所發生的變化為背景，結合經濟學、管理學相關理論，通過理論和實證相結合的方法對無形資源的定義、範圍、屬性、價值創造機理、估價、公司戰略等相關問題進行系統性的探究。此外，本書綜合使用檔案、案例等研究方法對無形資源的價值創造問題、無形資源和有形資源配比關係進行量化研究，從而歸納出新經濟環境下企業應對無形資源進行有效的戰略規劃及具體管理的核心要素，以實現企業的價值增值。具體的研究思路包括以下幾個方面：

　　（1）在現有相關研究成果的基礎上進行更加深入的探討，

厘清無形資源的定義、分類和不同無形資源之間的轉換關係，梳理、歸納和總結無形資源的內涵及外延。

（2）分析在知識經濟背景下企業財務目標、組織構架及價值驅動要素所發生的變化，通過深入研究這一變化的背景、動因和途徑，逐步探尋新的邏輯分析框架來研究企業無形資源的獲取、轉換對價值創造的影響問題。利益相關者價值最大化、價值網路的形成意味著企業價值創造過程正發生著變化，這些變化與無形資源的價值創造過程構成了交互的影響。

（3）通過實證方法（包括檔案式研究、案例研究等）借助相關的經濟模型和計量分析方法，研究無形資源對企業價值創造的量化影響，接著找到無形資源與有形資源之間的最佳配比，以實現企業的價值最大化目標。

（4）作為戰略性資源的無形資源能給企業帶來持續的競爭優勢，企業必須在戰略設計階段就充分考慮無形資源的獲取和利用等活動。在中國經濟轉型、產業升級的過程中，為了實現價值增值，企業應正確、有效地對各類無形資源進行識別、投資和管理，並對其價值進行適當的評估。

（5）財務學問題必然會涉及產權，具有異質性特點的無形資源的產權配置與有形資源存在較大差異，因此本書從新制度經濟學和財務學視角對無形資源產權的來源、特點和衝突等問題進行了系統性的分析。

1.4 研究範圍界定和內容框架

正如本章研究背景中所提到的，如果嚴格地對無形資源概念進行劃分，它可以分為可辨認無形資源和不可辨認無形資源。而本書所討論的無形資源則專指不可辨認無形資源，或者表外

無形資源，以區別於那些符合資產確認條件、可以被確認為無形資產的可辨認無形資源（表內無形資源）。總的來看，廣義的無形資源概念應包括各種能為企業創造價值的無實物形態資源，包括可辨認和不可辨認兩種無形資源。而不可辨認無形資源專指那些無法通過財務報表直接反應，但是卻能夠為企業帶來價值增值的無形資源。為了后文行文的方便，如無特別說明，本書中所涉及的無形資源名稱和概念均指不可辨認無形資源。本書所討論的無形資源相關問題都是圍繞著不可辨認無形資源概念進行的，並不涉及可辨認的無形資源。本書所探討無形資源與有形資源的範圍如圖1-1所示。

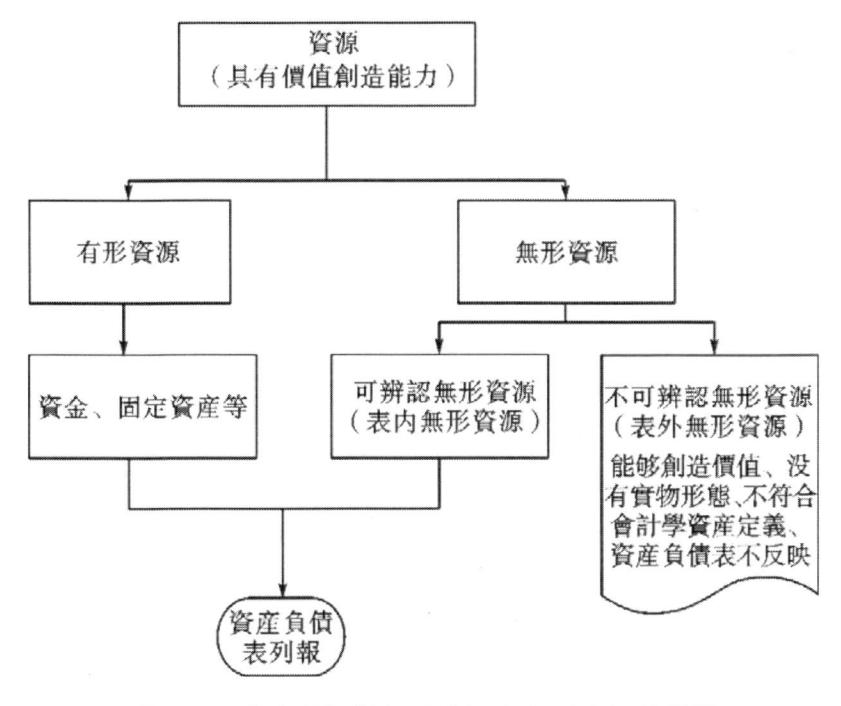

圖1-1　本書所探討無形資源與有形資源的範圍

本書共分為9章。第1章是導論，介紹本書的研究背景、研究目的和意義等。

第2章是理論基礎與文獻綜述。本章首先對無形資源研究

的相關理論基礎進行了綜述，接著對現有研究無形資源的相關文獻進行了梳理和總結。經濟學、管理學、財務學和會計學等不同學科的研究均對無形資源相關問題有所涉及，儘管研究視角存在差異，但是它們從多角度分析並歸納總結其研究結論，能夠更全面、更準確地在財務學範疇內對無形資源的研究內涵進行定位。從理論上來看，無形資源相關問題的產生與企業理論、企業價值創造理論、戰略管理理論和新經濟增長理論等密切相關。不僅如此，隨著經濟的持續發展，無形資源價值創造能力的提升也在一定程度上推動了相關理論的演進。

第3章是無形資源概念研究。這章對無形資源進行了定義，並分別對其包含的人力資源、組織資源和關係資源的概念及內在聯繫進行了分析和梳理。另外，本章還對與無形資源相關的「無形資本」等概念進行了區分和界定。

第4章是無形資源對企業市值影響的實證分析。雖然無形資源並不直接反應在上市公司的財務報表中，但是這些沒有實物形態的資源卻能真實地對公司市值帶來影響。本章在相關研究的基礎上建立了面板數據模型，其中以公司市場價值的增長率作為被解釋變量，以工資費用、管理費用和銷售、廣告費用分別代替不同形式的無形資源投入水平並作為解釋變量，以確定無形資源在公司市場價值中所起到的作用。迴歸分析結果符合本書的理論邏輯框架，即無形資源能有效提高企業市場價值，所有代表無形資源效率的變量係數均是有效的，而行業層面的無形資源的影響更加顯著。

第5章是無形資源價值創造機理研究。企業市場價值與內在價值之間的密切聯繫說明無形資源同樣會對企業內在價值產生顯著影響。以知識要素為基礎的生產和競爭環境促進了企業價值網路的形成，價值形成和創造機制也因無形資源的出現而發生了變化，單一企業的價值生產已經被包含多重價值屬性的

價值網路取代。企業的價值創造模式受到企業價值網路中個體、群體、組織、組織間的利益相關者互動關係的影響。價值網路拉近了不同利益相關者之間的聯繫，其聯繫紐帶正是不同類型的無形資源及其交互關係。在以無形資源為關鍵資源的價值創造體系中，無形資源在資源網路系統中的動態轉換及不同資源要素之間的轉換和耦合，創造了代表新價值的經濟租金並實現了資源的合理配置。

第 6 章是無形資源獲取戰略研究。企業組織所擁有的任何無形資源都需要經過長期的投資、經營和累積。因此企業必須根據外部環境和價值網路的特點制定相應的無形資源管理戰略，從而形成具有持續效應的無形資源。無形資源的獲取並不是一個孤立的過程，它有時會與無形資源的利用及其他過程疊加。另外，由於無形資源包括前述三種資源相互重疊的區域，涵蓋了個體與群體、組織與組織之間的知識協調和整合，因此在戰略的規劃和具體實施過程中，企業組織不應圍繞某一項具體的無形資源採用特定戰略方法來獲取，而應通過內部和外部兩個不同方向實施綜合戰略來獲取無形資源。

第 7 章是無形資源與有形資源配比關係的實證分析。儘管企業需要制定相關戰略來獲取無形資源，但是絕不能認為企業擁有越多的無形資源就能創造越多的價值。無形資源必須與有形資源進行合理配比，才能夠實現價值的最大化產出。本章對托賓 Q 計算公式進行了一系列的變形，並與改進的 Hamiltonian 公式結合，得到了無形資源投資量與有形資源存量、投資量之間存在線性關係的結論，並據此建立了實證分析模型，來分析企業無形資源投入水平與有形資源存量和投入額之間的比例關係。通過對模型的迴歸分析，本書發現無形資源消耗速度要慢於有形資源的消耗，也就是說企業一旦獲取無形資源，就能獲得更加持久的價值增值。

第8章是無形資源產權問題研究。不同時代和經濟背景下，企業和資本的產權形式也在不斷進行著演化，不過產權始終支配著企業的價值流動和資源轉換活動。企業進行產權劃分能夠有效提升企業內部公平與效率，創造更大價值。無形資源產權問題的提出主要基於兩個原因：首先是無形資源與有形資源相比，其產權具有「異質性」特點，其次是無形資源的價值創造能力已逐步超過有形資源。如果仍然按照傳統的「資本強權觀」思想進行產權分配，作為無形資源所有者的企業員工無法獲得無形資源的剩餘控制權和剩餘索取權，必然會產生產權衝突。我們要解決企業無形資源價值的分配問題（收益權分配）和企業的經營管理問題（控制權分配），首先就必須接受「利益相關者」產權配置觀，其次還需要根據利益相關者對企業價值的貢獻度重新進行產權分配。本章選擇阿里巴巴集團的產權分配模式進行案例研究，對其無形資源水平、經營業績和產權配置等問題進行了系統分析，認為該公司的合夥人模式是一種能有效解決無形資源產權配置衝突的方法。

第9章是本書的研究總結與研究展望。

本書研究內容邏輯關係如圖1-2所示。

1.5 研究方法

本書研究過程中涉及多種研究方法，但不同方法都遵循以下兩條原則：一是理論歸納與實證研究相結合，二是研究方法始終緊密結合無形資源相關問題。本書的分析過程偏重於理論上的歸納與演繹，以理論性分析為主，計量、案例分析則用於驗證理論分析的準確性。

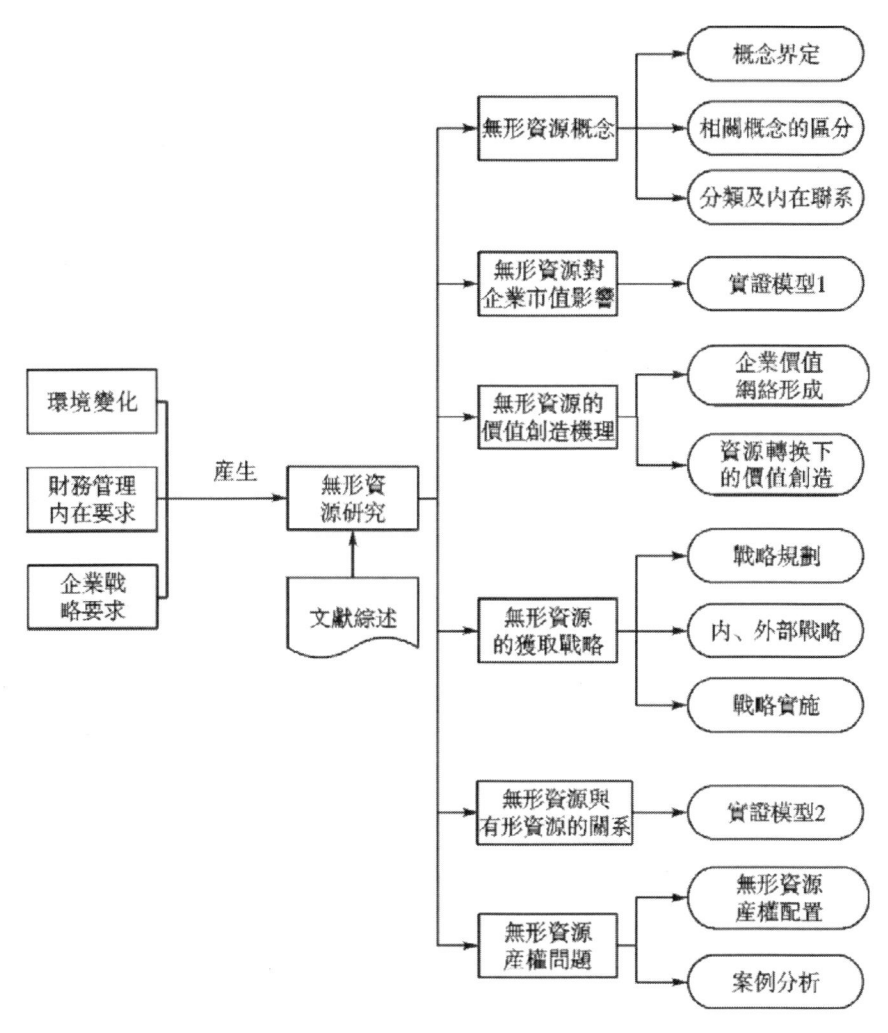

圖 1-2　本書研究內容邏輯關係

1.5.1　文獻研究法

　　文獻研究法主要針對特定的研究目的或研究課題，借由已有的學術文獻，獲得相應資料，從而得以較為全面地瞭解或掌控所研究的問題。本書多次使用文獻研究法對無形資源的理論框架部分進行構建，例如無形資源的分類、無形資源的產權問題等。通過瞭解無形資源相關研究主題的歷史和現狀，不僅有

利於創新本書的研究角度和豐富研究方法，還能夠更加全面地把握無形資源這一概念。

1.5.2 定性分析法

作為一種常見的研究方法，定性分析法主要針對一些新出現的理論和實踐活動進行邏輯推理，與利用具體數據所做出的定量分析形成對比，以相互印證研究觀點。具體地說，定性分析法是一種思維和邏輯上的演進，將事物所出現的各種表徵進行綜合處理，以獲得事物本質性的規則和定義。本書主要利用定性分析法對無形資源的定義、價值創造機理和獲取戰略進行研究，以找尋該類資源的價值創造機理。

1.5.3 定量研究法

定量研究方法，是結合事物的一般發展規律和現象，利用經濟學、管理學理論構建適當的模型，通過對大量隨機數據的觀察和分析，找到數據或現象背後的客觀規律或結論。在定量研究中一般會運用到迴歸分析方法，這種方法將經濟問題通過數學符號或數量特徵來描述或表達，並對這些數字進行研究，在研究過程中會涉及計量經濟學、統計學的概念、原理及方法。簡單來說，定量就是利用數字化符號進行測量。

具體到本書的研究，無形資源涉及的量化問題較多，其價值創造、與有形資源配比等問題都需要通過量化方法進行研究。不過，由於現有會計準則的缺陷，無形資源計量問題還屬於學術界無法解決的難題。因此在本書的研究過程中將通過數據收集、參考已有研究模型、選取替代變量等方法獲取研究所需要的相關數據，並將其通過數學關係模型進行表達，根據模型的擬合結果來確定無形資源與企業市值、無形資源與有形資源之間的因果關係。定量分析法可以使人們進一步明確對研究主題

的認識，把握本質，預測事物的發展規律與趨勢等。

1.5.4 案例分析法

財務學領域內任何問題的研究，都需要理論與實踐相結合。人們通過具體化的理論對企業的管理活動進行指導。能夠指導財務實踐的理論研究才具有意義。無形資源的相關問題，在企業經營管理的實踐層面屬於較為常見的現象，例如雙重控股權的推行。因此，人們在進行無形資源的理論分析時，有必要與現實案例研究相結合，以使兩者相輔相成、互相論證、互相支持，從而保證理論研究成果能為實務所用。無形資源的理論探討抽象籠統，案例分析具體細緻，這一上一下、一虛一實，才能明確無形資源作用於企業發展、價值創造過程中的機理。

1.6 主要觀點和預期創新

1.6.1 本書的主要觀點

本書擬提出以下觀點：

（1）知識經濟時代，無形資源的價值創造問題使企業整個價值生產流程發生了巨大變化。

（2）傳統財務學並沒有過多涉及企業的無形資源價值創造問題，而無形資源恰好又是當前企業價值增長的主要源泉。因此我們有必要拓展傳統財務學的研究範圍，做到與時俱進，以適應外部環境和財務學內在要求的變化。

（3）雖然無形資源可以為企業創造價值，但是由於現有會計準則中還沒有無形資源資產化的相關規定，因此企業對無形資源的投入僅僅反應在利潤表中的相關成本費用之中，這就給

無形資源的量化研究設置了阻礙。不過，企業所擁有的無形資源投入水平與費用、成本之間仍然存在著某種特定的相關關係。因此我們可以利用一些能夠量化的替代指標以及相對指標來進行無形資源價值創造的量化研究。

（4）從行業角度來看，無形資源是決定行業市場價值的主要因素，而企業層面的無形資源只是影響其市值的主要因素之一。

（5）無形資源的價值創造能力和產權「異質性」對企業的產權分配產生了巨大的影響。企業在進行產權分配時必須摒棄「資本強權觀」，賦予無形資源所有者相應的收益權、控制權，才能充分實現企業內部的公平與效率。

在知識經濟背景下，企業必須高度重視以人力資源、組織資源和關係資源等為代表的無形資源，應有針對性地進行持續的經營、管理創新，從而提高企業整體價值。

1.6.2　本書的創新點和研究深度

本書的主要創新點在於：運用經濟學和管理學的相關理論，結合財務學的特點對無形資源問題進行拓展性研究，開闢了「無形資源」的全新研究領域。在財務學範疇內，構建了無形資源的整體研究框架，揭示了無形資源的價值創造機理，闡述了其獲取戰略，並討論了無形資源的產權問題。

具體來說，本書的主要創新點包括以下三點：

（1）本書融合了各種相關概念，提出了總攬性的「無形資源」概念框架，將企業價值創造過程占據重要地位的非實物形態資源納入無形資源的概念框架和研究範疇。

本書從財務學角度給出了無形資源的定義、性質與分類，同時本書亦強調不同類型無形資源的相互作用、相互影響及相互轉化。無形資源的價值創造問題的重要性是不言而喻的，站

在不同立場的研究者也從各自角度對無形資源的概念進行了界定。在此基礎之上，本書從財務學維度對三類無形資源進行了深入對比和分析，並重新對無形資源概念的內涵與外延進行了定義。無形資源這一概念屬於財務學範疇的資源概念，不僅與其他學科所定義的類似概念一樣具有無實物形態特徵和價值創造能力，還具有產權屬性，只有這樣才能構成資源獲取、價值創造和價值分配的完整價值循環過程。

（2）本書創新性地詮釋了企業價值的創造過程及無形資源的作用機理，並綜合運用理論分析和實證研究方法對無形資源價值創造、無形資源與有形資源的內在關係進行了探討，拓寬了現有研究的思路。

（3）本書較系統地從財務學視角闡釋和論述了無形資源的產權問題。

本書結合財務學、新制度經濟學和產權經濟學中產權的相關理論，對無形資源的產權屬性進行了系統闡述。隨著無形資源價值創造力的提升，作為無形資源所有者的企業員工如果無法獲得相應的剩余控制權和剩余索取權，必然會產生產權衝突，從而影響企業的價值生產活動。對於企業而言，必須充分提高產權分配的合理性，以提高價值創造效率，實現有效的產權激勵。

中國《十二五規劃綱要》和十八屆三中全會公報均多次提及依靠技術進步和創新來加快經濟發展方式的轉變，這實際上強調了無形資源在企業發展、經濟建設中的重要作用。本書亦緊密聯繫當前經濟轉型背景下企業組織新價值產生的源泉正逐漸由有形資源轉變為無形資源這一顯著特點，以經濟學、管理學、財務學和會計學相關基礎理論作為研究出發點，對現有財務學理論框架進行了延伸性研究。

2 理論基礎與文獻綜述

2.1 無形資源相關理論基礎

　　作為 20 世紀末出現的研究熱點，經濟學、財務學、會計學和社會學等眾多學科均對無形資源相關問題進行了研究。雖然從不同的學科視角會得到一些看似迥異的研究結果，但是從多角度分析並歸納總結這些研究結論，能夠更全面、更準確地在財務學範疇內對無形資源的內涵進行定位。基於現有理論基礎的綜合分析，能為無形資源的研究奠定堅實的理論基礎。

2.1.1 交易費用理論

　　把交易費用理論作為無形資源分析的基礎理論，能夠從無形資源的經濟實質對其加以深刻把握。交易費用理論是新制度經濟學的重要組成部分。作為這一理論創始人的科斯認為，企業存在的主要原因和重要目標就是降低不同的交易費用，使企業獲得最大的利潤。在此之後，阿羅、威廉姆森繼承和發展了科斯的交易費用理論，他們的理論成為當前研究資源配置、市場交易的基本理論之一。

　　企業代替市場是因為它能夠降低交易成本。以人力資源為

例，員工可以選擇長期服務於某一企業，或採取打零工的方式服務於不同企業，企業也可以選擇設立長期固定崗位或者短期雇傭的形式。最終的雇傭形式取決於企業（員工）認為那種雇傭方式的成本最低。另外，市場價格機制還產生了專業化分工（科斯，1937）。因此，一個良好的市場環境和企業組織制度，是企業合理配置資源、高效經營運作必備的前提條件。

交易費用簡單來說就是完成各種交易活動的必要支出。科斯、威廉姆森、張五常等學者對交易費用賦予了不同內涵。例如交易費用包括事前和事後費用，其中事前費用指契約簽訂、談判、簽約等相關費用，而事後費用則是為了解決契約存在的問題而發生的費用及監督費用（Williamson，1975）。總的來看，學者們所指的交易費用主要發生在企業獲取各種資源、確立資源相關產權的過程之中，它並不包括資源在具體生產環節的各種成本耗費。

威廉姆森認為交易費用存在的主要原因在於三個不同的因素：交易雙方的有限理性、機會主義和資產專用性。前兩項主要指參與交易的雙方都無法預測交易的現狀和未來的經濟后果，同時交易雙方都希望自己成為這項交易的受益者。而資產專用性指在企業獲取資源並對其進行后續投資后，這項資源將難以被其他企業所用。按照威廉姆森的觀點，倘若有限理性、機會主義和資產專用性這三個因素不是同時出現的話，交易費用就不會存在。

交易費用理論將企業組織問題作為一個契約問題而提出，認為企業組織是一種規制結構，而不是一種生產函數。交易特性的差異，決定了存在不同的組織類型，只有那些與特定的交易相匹配的規制結構才是有效的組織。

從交易費用理論來看，企業獲取無形資源的經濟實質在於企業通過控制資源，獲取資源的剩余控制權和剩余索取權，並

能夠有效降低交易費用。但是建立何種契約來獲取無形資源，在降低交易費用的同時實現資源的最優配置和價值創造的最大化，還需要對企業組織的相關制度和契約進行更加深入的探討。

2.1.2 產權理論

交易費用理論從經濟實質闡釋了企業擁有和管理資源的動因，產權理論則為資源的所有權定性，通過產權明確這些資源的歸屬，特別是與這些資源相關的經濟利益的歸屬。財務學研究的核心問題之一是價值分配，企業的完整價值創造鏈條包括資源獲取、資源轉換、價值創造和價值分配等環節，各環節缺一不可。在價值分配的環節，產權歸屬是價值分配的依據，即支配價值分配全過程的「看不見的手」。事實上，公司的投融資決策、利潤分配、資本結構等一系列財務學基本問題都是因產權而產生並由產權所決定的。[1]

產權是由一系列權利集合形成的權利束，它包括狹義所有權、歸屬權、使用權、支配權、分配權、收益權等。雖然研究產權相關問題的文獻不勝枚舉，不過迄今為止的產權理論並沒有確定產權的具體權項。[2] 其中，收益權是財務學所重點關注的權利。有學者將產權中與財務學緊密相關的權利剝離出來稱其為財權，並認為財權更側重於對價值的配置和支配，這種分配權直接來自於產權配置。[3]

研究產權問題的學科名稱很多，包括「產權經濟學」「新制度經濟學」「新政治經濟學」「所有權經濟學」和「交易費用經濟學」等。由此可見，產權理論的內容十分豐富，不同時期的

---

[1] 郭復初.財務專論［M］.上海：立信會計出版社，1998：231.
[2] 黃少安.產權經濟學導論［M］.北京：經濟科學出版社，2004：67.
[3] 郭復初.財務專論［M］.上海：立信會計出版社，1998：232.

許多經濟學家都從不同層面或角度探討過這一問題。不過，它作為一個獨立的經濟學分支而被研究，是從科斯、諾斯等學者開始的。

嚴格地說，產權理論的研究屬於新古典經濟學的範疇，其方法和研究主題和正統經濟學接近甚至一致。從研究方法上來看，產權相關問題主要採用證偽主義方法論為主、證實主義為輔的研究方法。這主要是因為產權理論的提出就是對現有的經濟問題研究結論所提出的挑戰。

根據科斯的產權理論，產權明晰會使社會分工明確、效率提高，而產權不明晰的社會，則會變成一個效率低下、權責不分、資源配置無效率的社會。產權具有的明確性、專有性、可轉讓性和可操作性等一系列特徵，使得產權在社會資源配置中起著關鍵的作用。除此之外，產權明晰還可以有效地解決經濟的外部性問題（指某種活動使社會成本高於個體成本，導致市場低效率或無效率的情形）。

從產權角度來看，交易不僅是市場上的商品交換，還是人與人之間的權利關係，或者說是經濟制度的基本單位。因此，在研究資源配置問題時需要充分考慮交易問題，找尋資源的產權在人與人之間轉讓的實質。

具體到企業實踐問題，新創造價值是按照先債權、後股權的順序進行分配，扣除債務利息之後的股息分配依據是投資者出資額的大小。這一分配原則的基礎是產權所包含的一系列權利都完全歸屬於資金資源的所有者，因此他也享有完整的收益權。不過，隨著技術水平的飛速發展，資源的產權集合也開始出現分散的趨勢，例如，企業只能通過雇傭技術人員，購買其服務，但是無法將技術本身據為己有。因此，對於無形資源相關的價值分配問題還需要繼續通過產權分析方法進行深入研究。

產權理論認為制度安排是一切經濟交往活動的前提，是對

人們之間權利義務關係的劃分。因此，社會經濟活動的首要任務是，必須清晰界定產權的歸屬，在此基礎上，明確權利和義務，即規定可以做什麼，不可以做什麼和禁止做什麼等一系列問題，這種權利還可以用於交易並使社會總產品最大化。所以，對於無形資源理論基礎的研究，必須準確把握這些資源的權屬問題，即如何通過契約形式將無形資源打上產權「烙印」，為企業創造價值。完善無形資源的產權制度，對企業、價值網路、經濟社會等的生存與發展而言具有重要的作用。

2.1.3 企業價值創造理論

（1）亞當・斯密和馬克思對價值本質的分析

「價值」是企業所追求的目標，財務學更是直接將「價值最大化」作為財務管理工作的基本目標。對企業而言，價值最直觀的表現是企業所生產的商品，企業通過自身能力融合各種不同類型的資源，將其生產為滿足特定消費者需求的商品（或服務）。原材料和成本的消耗及新商品的誕生給企業提供了價值增加的機會：企業通過銷售產品，完成前期投入資源的循環並實現價值的增值。從價值角度來看，在複雜生產流程中產生的商品具有不同於普通物品的特殊性質，它不僅具有一般物品所普遍具備的使用價值，還具有通過勞動而形成的價值。[1]

對於商品價值的問題，從亞當・斯密開始的古典經濟學家就對其進行過較為透澈的研究，並將商品的價值進行了歸類。例如從整個生產流程的角度來看，企業員工所耗費的勞動量大小、原材料成本、設備成本、土地成本等共同構成了商品的價

---

[1] 馬克思,恩格斯.馬克思恩格斯全集：第23卷[M].中共中央馬克思恩格斯列寧斯大林著作編譯局,譯.北京：人民出版社,1976：52.

值①；而從市場銷售角度看，商品的價值則是其銷售之后所獲得的收入的多寡以及市場供需關係所引起的波動等②。

馬克思同樣深入探究過商品價值的本質，他的研究結論與斯密在勞動創造價值這一點上具有一致性③，但是馬克思的研究相對來說更加透澈，並揭示了商品價值乃至企業新增價值的最終來源，為之後的企業問題研究打下了良好的基礎。馬克思對經濟社會中單個成員的不同勞動形式進行了抽象，將其轉化成一般社會勞動，而用來衡量社會勞動量的社會必要勞動時間就是決定商品價值的關鍵所在。更加詳細地說，個人的具體勞動創造了商品的使用價值，抽象勞動創造了價值；具體勞動在創造使用價值的同時，把生產資料中包含的物化勞動轉移到商品之中，同時作為抽象勞動又把新的價值凝結在商品之中。從價值形成過程來考察，商品價值首先包含從生產資料中轉移來的物化勞動，這部分勞動實際上是生產資料生產過程中的活勞動耗費。

在馬克思看來，企業價值增值的原因在於員工取之不竭的勞動力不斷創造著商品的價值，價值增加的那一部分就是勞動者在必要勞動時間以外的剩餘勞動時間內創造出的剩餘價值，價值由生產資料的物化勞動、勞動者的必要勞動和剩餘勞動三部分組成。④

如果暫不討論剩餘價值問題，企業價值的增加遵循著這樣

---

① 亞當·斯密. 國民財富的性質和原因的研究 [M]. 郭大力，王亞南，譯. 北京：商務印書館，1972：42.

② 亞當·斯密. 國民財富的性質和原因的研究 [M]. 郭大力，王亞南，譯. 北京：商務印書館，1972：47，49，52.

③ 蔣海益. 卡爾·馬克思和亞當·斯密的價值概念比較 [J]. 江蘇行政學院學報，2006（3）：52-57.

④ 馬克思，恩格斯. 馬克思恩格斯全集：第26卷Ⅰ [M]. 中共中央馬克思恩格斯列寧斯大林著作編譯局，譯. 北京：人民出版社，1974：58.

的邏輯：價值增值從表面上來看是企業通過整合相關資源創造出的新價值，但實際上是員工的勞動所帶來的新價值，這一新價值首先體現在生產出的新商品上，其次在商品銷售之后還能通過企業整體的價值增值有所表現。由此可見，企業價值增值的本質在於員工勞動過程的新價值創造，以無形資源為代表的新興資源的價值創造問題同樣沒有跳出這一框架。實際上，隨著科學技術的不斷進步，企業更加依賴於以人為載體的各種資源所進行的價值創造活動，這也進一步強調了「人」在價值創造中的重要性。

（2）經濟租金及其來源

「價值」這一概念的內涵極其複雜，僅在經濟學領域就頗具爭議。作為價值創造的實體，企業的目標是價值的最大化，而這一價值被部分西方經濟學者看來是一種經濟租金。傳統經濟學中，經濟租金被認為是按照機會成本，付給生產要素提供者高於該要素用於其他用途的額外報酬。租金不僅僅是企業超額利潤的代名詞，如果從企業能力和資源理論角度，它更是某些資源和能力的組合，而不同類型的組合能夠創造出不同類型的經濟租金，這些由企業組織在營運過程中所創造的租金實際上成了企業存在的直接動力。經濟學家認為，企業經濟租金的創造主要來源於三種不同的機制：資源獲取、能力構建和關係建立。

a. 資源學派與資源獲取

資源理論關注企業的關鍵資源，即滿足稀缺性、難以模仿、有價值的資源，強調關鍵資源的獲得與保持對於企業戰略的重要意義，而資源的稀缺性帶來的租金亦被稱為李嘉圖租金（Ricardian Rents）。

資源觀認為資源的差異是決定企業績效不同的主要因素。根據這一觀點，企業的經營管理活動的最終目的就是創造適當的環境使資源出現價格差從而獲得租金收入。這種價值創造方

式被稱為資源獲取，包括資源價值的估計，以及通過合理、低成本的方法獲得該項資源。它專指企業通過比對手選擇更有效的策略組合獲得經濟租金。只要企業能以低於該資源在企業中的邊際生產率的價值購買該資源，租金就被創造出來了。

這種價值創造方式的主要特點包括以下三點：①資源獲取這一手段並不只是包括獲得租金這一簡單的環節，其在獲得租金之前就已經為企業創造了價值。傳統的資源學派強調資源差異本身對於獲得租金收入的重要作用，因此這種價值創造方式的時間範圍截止於資源的正式獲得。②即使沒有獲得資源，「資源獲取」同樣也能創造價值。企業通過準確判斷某項資源的價值，如認為為獲得該資源付出的代價高於其本身的價值，因而做出放棄該項資源的決定，這種判斷已經通過避免潛在損失創造了價值。由於企業並沒有獲得資源，因此資源獲取活動並不一定真的需要最終獲得資源，這一活動本身也能夠創造價值。③這種方法所形成的租金收入就是李嘉圖租金，即通過資源的稀缺性和這種稀缺性所帶來的價值而得到的經濟租金。通過有效的資源獲取行為，企業獲得了有價值的資源，實現了企業與競爭對手的差異化並獲得了李嘉圖租金。

b. 能力學派與能力構建

不同於獲得外部資源創造價值，持有能力觀的學者認為企業的競爭優勢來自於其自身，即企業具備的各種特殊能力可為企業帶來競爭優勢，這些能力包括對資源的配置和整合能力。在熊彼特的創新理論框架下，能力學派認為企業在管理實踐中必須強調能力，尤其是應對突發事件的能力。由於能力並不總能夠保持穩定，這一動態性的特徵也使得與之相應的租金具有耗散性，也就是說企業的能力會被其他企業模仿和吸收。這類來自於創新能力的租金一般被稱為熊彼特租金。

從某種角度來說，經濟租金來自於資源獲得和使用過程中

更加具有效率的行為，資源獲取觀和能力構建觀均是如此：前者實際上通過提前獲得質優資源得到租金收入，後者則是對特定資源更加有效率地使用獲得租金。能力學派認為，正是由於超常的能力能夠帶來更高的效率，因此打造企業能力成了極其重要的價值創造活動。同時，能力的特點是扎根於企業組織中，無法通過交易行為獲取。因此能力構建這一價值創造過程的內涵實際上是在企業已經獲得一定資源的前提下，通過對組織經營管理流程的改造或技術的升級，提高企業資源使用效率，從而提升利潤空間。

能力構建具有以下特點：①能力構建這一過程應該而且也只能在企業取得相關資源之后才發揮其作用。能力構建是通過各種方式形成符合企業發展和競爭所需的能力，提高企業各種資源的使用效率。②根據熊彼特租金的特徵，企業所構建的新能力能夠為企業帶來這類租金。這也說明企業的能力構建行為實際上也是創新行為的一種，它需要企業根據自身所處的市場環境及時洞察和把握市場機遇。企業所建立的能力體系是動態的，能夠不斷適應內外部環境的變化，進行自我調整和超越，從而形成持續的創新能力，來維持企業的競爭優勢。因此通過能力構建，企業獲得了熊彼特租金。

c. 關係建立

兩種或兩種以上資源的組合往往會產生一加一大於二的效果，這種價值增量來自於兩種資源之間的聯繫，因此學者也將這種來自於資源組合之間聯繫的價值增量稱為關係租金。也有人用「準租金」來描述資源處於結合與分離狀態時的價值差，並認為這種租金甚至比創新帶來的熊彼特租金更為持久。進一步地，在同盟合作過程中共存兩種不同的關係租金：專用於特定交易的資產導致交易效率提高所產生的交易專屬性關係租金；合作專用性投資所產生的合作專屬性關係租金。

組織通過建立與其他組織的協作與交易關係而創造價值的行為稱為關係建立。關係建立行為創造價值的機理在於組織僅僅是作為一系列資源的組合而存在，任何組織都無法佔有所有資源，因此不同組織之間必然存在著資源互補關係。當存在互補性時，某一參與者生產活動和產品的特徵直接影響到其他形式參與者的產出，從而產生合作需求，交易雙方就通過一方或雙方的專用性投資而建立持久的關係。與企業的資源、能力組合一樣，這種資源之間的組合關係也是經濟租金的來源。關係建立的關鍵原因在於關係建立所帶來的關係資源具有無法模仿性和排他性等特徵。資源學派認為，關係一旦成立，其過程就是一種價值創造方式，這種價值創造方式的特點在於資源之間的協同效應。

2.1.4　新經濟增長理論

　　無形資源是企業擁有的可帶來經濟利益流入的資源，只要產權明晰，企業可以通過擁有、控制和支配這些資源，獲得相應的經濟利益流入，這是一個企業範疇的思考。但如果把整個社會經濟的發展作為一個整體來考慮，無形資源也是整個社會資源配置和經濟增長的關鍵要素。因此，我們必須基於整個社會經濟增長的理論框架，來解釋無形資源的經濟性質。

　　20世紀90年代之後，羅默和盧卡斯提出了「新經濟增長理論」，其重要內容之一就是在繼承新古典增長模型的基礎上，把模型中的「勞動力」要素擴展為人力資本投資。這些人力資本投資不再單純地用工資來反應，其不僅僅包括絕對勞動力數量和該社會所處的平均技術水平，還包括勞動力的受教育水平、勞動力素質、生產技能訓練和相互協作能力的培養等。基於可計量視角的考慮，除了傳統勞動力數量、社會平均技術水平可用工資來計量，其餘作為心理或無形因素的受教育水平、勞動

力素質、協作能力等難以進行會計計量。由於這些因素會對社會和企業生產能力、整個社會總產品和社會財富產生影響，因此人們有必要打破傳統會計計量屬性的制約，重新審視和評估這些資源對於企業的經濟意義。

內生增長模型、阿羅「邊干邊學」模型和收益遞增增長模型等，都解釋了技術進步對於企業生產的重要作用。產出不僅僅是有形要素的投入（表現為直接材料和直接人工），更是勞動者學習和經驗累積的結果。這些模型都強調勞動者知識和經驗的累積，技術的進步對於經濟的增長具有決定性的作用，而作為知識和經驗的載體，人力資本具有規模報酬遞增的性質，存在著投資（即資本的累積）刺激知識的累積，反過來知識的累積又促進投資的良性循環。這種以知識為基礎的新的經濟增長理論鼓勵新知識的累積以及知識在經濟中的廣泛運用，促進了高新技術革命的發展和知識經濟時代的到來，這也就從經濟學的角度分析了無形資源的資源本質。

2.1.5 利益相關者理論

企業一旦開始運作，就需要與不同類型的個體或機構進行接觸並簽訂相關交易契約，這些個體和機構便形成了企業的利益相關者群體。隨著時代的變遷，企業的股東價值最大化目標的實現會阻礙企業整體價值的增長。例如柯特（1992）等學者發現20世紀八九十年代的美國上市公司中，僅關注股東價值的企業的市值增加量要遠低於那些重視利益相關者價值的企業。這其中的原因在於：首先，現代企業的股權結構與大工業生產時代已經出現了明顯的區別，「一股獨大」的現象已經越來越少見，分散化股權、異化股權形式的企業比比皆是，新的所有制形式下難以實施股東價值的最大化目標。其次，資源依賴理論、契約理論、產權理論和互補性企業理論等新理論的興起使理論

界和實踐界認識到，利益相關者群體不僅能夠具有整體價值觀，他們在分享企業的剩余控制權和剩余索取權方面還應具有平等的地位，一個有效率的企業結構必然是由利益相關者各方共同分享企業剩余控制權和剩余索取權的企業結構。

對於企業而言，利益相關者是多元化利益的共同體，作為企業契約締結主體的各利益相關者一方面向企業投入資源，另一方面又參與企業經濟利益的分配，從企業獲取回報，他們是企業這一集體的共同利益目標的制定者和參與者。利益相關者對共同利益的追求形成了企業目標，並力圖通過他們的合作來實現這一共同利益目標。他們在追求企業價值增值的同時，還需要進行有效的價值分享，即追求利益相關者企業價值最大化。利益相關者企業通過籌劃科學的財務戰略，制定合理的財務政策，有效地均衡各利益相關者的利益，在保證企業可持續發展的前提下，使企業創造的價值達到最大。

2.1.6 人力資本理論

新經濟增長理論強調了人力資本在社會經濟增長、企業財富累積中的積極作用。然而，人力資本不同於一般有形資本，因為人力資本是活物，是會創造價值的活物，作為一些有意識的群體，必然要受到一定組織制度和權力框架的制約。人力資本通過一系列的社會活動、集體活動和自我活動，實現人力資本的價值。因此，人力資本可以為企業帶來新的價值，但其中關鍵的問題是企業應如何處理人力資本與其他資源之間的關係，才能保證實現人力資本的優化配置。可見，與人力資本相對應的人力資源必然成為企業資源管理的重點。因此，企業必須設置一套完整科學的人力資源管理戰略，實現人力資源的優化管理。

人力資本理論的核心是對人力資本的管理，人力資本管理

建立在人力資源管理的基礎之上，包含了企業中「人」的管理活動與經濟學中「資本投資回報」兩層重要內容。企業將企業中的人作為資本來進行投資與管理，並根據不斷變化的人力資本市場情況和投資收益率等信息，及時調整管理措施，從而獲得長期的價值回報。這種價值回報具有可持續性和戰略性，不再單純地以投資和回報之間的數量關係來衡量人力資本的管理效率。

人力資本理論站在企業財務學、經濟學、社會學等多學科角度，分析人力資本在企業經營、社會經濟增長中的重要意義，現在已經形成一個較為完整的理論體系，也是新古典研究框架中的一個分框架。財務學視角的人力資源具有與人力資本同樣的雙重內涵，而作為一個完整的理論體系，人力資源研究的內容包括人力資源在企業資源中的核心地位、人力資源的價值創造機理和人力資源價值分配問題等。

人力資源是實現經濟增長的原動力，其作用大於有形資源。人力資源問題的核心是提高企業員工素質，從宏觀角度應增加教育投資，並且讓這種投資走向市場，接受市場供求選擇。企業資源不應僅僅體現在數量上，更應體現在質量上，應該真正走向市場，接受市場的供求選擇。

2.1.7 戰略管理理論

企業對於無形資源的獲取和利用，必須具有戰略眼光和戰略意識，以戰略管理理論指導企業無形資源的管理，才是科學合理的資源管理思維。

隨著社會變革的大趨勢，企業面臨越來越多的挑戰和風險。積極面對挑戰、應對風險，勢必要求企業管理思想隨之變遷，以適應社會的需要。現階段的管理學思想，把這一變遷歸為四類：由過程管理向戰略管理轉變；由內向管理向外向管理轉變；

由產品市場管理向價值管理轉變；由行為管理向文化管理轉變。不可否認，企業戰略管理必將成為這場變革的核心，把握這一新動向，必然有利於企業資源管理效率的提高，實現既定戰略目標。對於無形資源管理工作而言，必須適應企業管理思維變革的衝擊，才能真正體現資源的經濟價值。

20世紀60年代，美國管理學家錢德勒首創戰略管理研究的先河，在其著作中通過分析企業內外部環境、戰略目標、組織制度之間的相互關係，提出了結構追隨戰略，即企業必須適應環境的變化，隨著環境的變化不斷調整管理思想。在隨后30年的發展過程中，戰略管理理論不斷得以豐富和完善，現已形成了一套相對完整的理論體系，以財富創造、環境變革、目標等一系列戰略因素為主導的戰略管理理論，必將成為無形資源整合管理的指導思想。

2.2　研究無形資源的動因

從20世紀末至今，理論界與實務界掀起了對無形資源相關問題的研究熱潮。在傳統資源基礎理論的框架下，許多學者開始從無形資源的角度，對其產權歸屬及由此產生的競爭優勢和經營績效問題進行研究。這些研究的初衷都是破解企業的經營「黑箱」，找到提升企業核心競爭力的關鍵所在。然而，企業「黑箱」的破解是一個財務與經營的雙重難題，作為新價值源泉的各類無形資源，是以「暗物質」的形式存在的，兩大難題相疊加使得無形資源的價值創造問題變得更加複雜。儘管這類問題存在十分廣闊的研究空間，但是問題本身的難度和現有會計計量方法的局限性限制了研究的繼續深入，使得現有許多研究難以觸及價值創造的本質問題。

2.2.1 資源概念的拓展

經濟學所關注的資源是具有價值增值能力的資源，這類資源也被稱為「資本」。部分研究文獻中「資源」和「資本」存在著混用的現象，資本與資源概念並沒有太大的區別，不過使用「資本」一詞更能夠體現資源的價值創造作用。大部分的早期經濟學領域研究，只是將資金、自然資源等作為能夠帶來新增經濟價值的因素劃入資源的範圍中。例如，《辭海》將資源定義為天然的財源，而聯合國環境規劃署將資源定義為能夠產生價值增值的自然資源。

早期的經濟學者中，馬克思和恩格斯對資源有著不一樣的理解。恩格斯認為，人類的勞動與自然資源的有效結合才是財富產生的真正原因[1]。雖然在說法上有所隱晦，但是馬克思和恩格斯已經將人力資源視為資源的重要組成部分。在他們看來，資源不僅是自然資源，還包括人類勞動的因素，而且人在資源價值創造過程中起到的作用更加重要。不過在早期工業化時代，不論是學者還是企業主更關心的是生產設備等有形資源及其帶來的價值增長，忽略了資源中人的因素。

隨著生產力水平的不斷進步，當代學者逐漸發現企業價值創造過程中員工的作用越來越重要。這打破了傳統的企業資源研究桎梏，同時也拓展了資源的內涵與外延：從最初的自然資源、物質資源拓展到人力資源、社會資源等。這也使「資源」逐漸超出了經濟學範圍，成為一個具有綜合性、廣泛性的概念。

研究新制度經濟學和產權經濟學的學者往往從資源的社會屬性對其進行研究。他們認為資源作為生產要素並不只是一個

---

[1] 馬克思，恩格斯.馬克思恩格斯選集：第4卷 [M]. 中共中央馬克思恩格斯列寧斯大林著作編譯局，譯.北京：人民出版社，1995：373.

經濟概念，它還包含了經濟活動中人與人之間的社會關係，是使一個人收益或受損的權利。不同類型的產權配置明確界定了價值創造活動中每個參與者的權利和義務，這使資源不僅能夠帶來價值增值，還能體現一種權利關係。

此后，一些社會學家更傾向於從社會資源的佔有與累積方面來解釋資源。社會學家布爾迪厄認為，資源是勞動逐漸積聚的產物，當勞動在權利、義務被清楚界定的前提下，由小團隊進行時，這種勞動就會令他們能夠以某種形式佔有社會資源。他還指出，資源是支撐企業組織運作的結構性力量，也是經濟社會運行的客觀規律。布爾迪厄將資源描述成一個社會性質的綜合性概念，這樣能夠使學者們使用更多的研究方法和思路對資源進行探討，極大地擴展了資源的研究範疇。在布爾迪厄看來，資源可以從是否具有實物形態的標準來區分，並可具體分為文化資源、社會資源、經濟資源等三種形態。所謂經濟資源，是指流動性最強的資源，這類資源可以立即變現，表現為獲得未來現金流量的權利；文化資源，則需要一些特定環境才能夠實現資源的轉化（轉化成經濟資源），這類資源主要通過教育獲得；而所謂社會資源，主要指不同社會關係的組合，同樣它必須在特定環境中才能夠轉化。其中，社會資源、文化資源作為非物質形式的資源，均可以轉換成經濟資源或實物形態的資源。從上述表述可以發現，對於不具備實物形態的資源而言，人們如果希望將這類資源轉化為具有經濟意義的價值和收益，就需要在特定環境中採取一些方法將其進行轉化，這對於整個社會的價值創造具有重大意義。

現有研究普遍認為，資源概念的內涵擴展標志著人們對於各類資源的認識和利用發生了突破性的變化。人們逐步發現只有從更多視角來審視資源，才能夠深入瞭解資源創造價值的內涵。而從社會學等更廣泛的學科來解讀資源，實際上就意味著

傳統財務學中由貨幣等有形資源創造企業價值的理論基礎已經發生了動搖。因此，如何理解無形資源的價值創造原理，並據此分析企業價值創造模式和戰略規劃行為，成為財務學理論中迫切需要解決的問題。

2.2.2 企業價值生產的變化

作為企業戰略研究的分支，企業資源論（resource-based view）認為企業邊界是戰略的重要組成部分，它內生於企業戰略，企業的資源和邊界都需要服從企業戰略的需要。科學技術的發展改變了企業的發展方式和競爭模式，也將企業財務管理的目標從單純的為股東價值最大化服務轉向了更為廣闊的價值網路之中。更加細緻的專業分工使得企業組織內成員需要增強彼此之間的溝通才能有效提高生產效率，不僅如此，企業之間的信息交流也呈現日益頻繁的趨勢。不過，交通運輸、通信和網路技術的發展，大大降低了更加頻繁的信息交流成本，這給企業組織構架的扁平化和網路化提供了前提。

同樣，在這樣的環境變化下企業戰略也發生著變化，企業僅需要專注於自己的核心能力和知識，以及與這些能力和知識相聯繫的資源和活動，而將其他生產、管理活動交給企業價值網路中的成員完成即可。這就將企業置於股東、組織成員、上遊供應商、下遊銷售商等利益相關者共同組成的價值網路中，企業的經營、管理都與價值網路成員息息相關，同時也使得價值創造活動超越了有形資源的範疇。企業不僅要滿足投資者的獲利需求、員工的發展需要、顧客和供應商的價值需求，作為社會公民，還要遵守社會規範和維護公共利益。企業價值實際上已經成為包含多重價值屬性的價值體系。

企業的價值創造模式受到企業價值網路中個體、群體、組織、組織間的利益相關者的互動關係的影響。這些互動關係中

包含著各種有形和無形的交換關係，這兩條路徑對應了具有直接和間接作用的影響因素，改變一條路徑中的關係和影響因素，可能會影響到整個價值網路的結構。企業價值網路中的利益相關者可以通過不同的方式來影響其他成員的行為，不同關係之間的交互影響和耦合使得原本聚集在價值網路中某一點的資源可以沿著價值創造體系中的不同路徑流向整個價值網路，從而提高價值網路的整體組織績效。

不僅價值創造模式本身發生了變化，價值創造過程中所投入資源的特性也在悄然發生著變化。無形資源的大量投入，改變了企業與利益相關者在價值網路中的關係，並重鑄了資源的價值創造機理。在新的價值創造體系中，資源之間以及無形資源和有形資源的相互結合決定了企業價值創造系統的產能。實際上，企業在投資、耗費、管理、分配不同類型資源之間的因果作用關係共同決定了企業價值。企業投入的資源通過企業價值網路相互聯繫和作用，並且與其他資源結合，形成了資源在企業價值網路中的運行機制；無形資源價值創造過程還受到投資、管理措施、耗費等方面因素的影響；競爭和市場環境會對無形資源的存量價值產生影響，因而無形資源之間耦合程度退化或增強會導致相關路徑作用強度的變化。因此，企業既要持續地進行各種有形、無形資源的專門投資，以提高資源存量和質量，還需要在價值傳導和創造機制中，通過各種方法來推動知識的流動和價值轉化，提高價值網路的運行效率和價值創造能力。

2.2.3 企業戰略的演進

20世紀五六十年代至今，戰略管理理論經歷了六十多年的發展，期間戰略管理思想層出不窮。總體而言，戰略管理的基本目的在於如何保證企業的長期生存能力。

（1）早期戰略理論與競爭優勢

「企業戰略」的定義和思想首先由錢德勒於20世紀60年代提出，戰略思想的關鍵在他看來就是如何適應經濟環境的變化。錢德勒的戰略思想可以歸納為「環境—戰略—組織結構」三者之間的單向影響關係。與錢德勒同時代的安索夫也認同他的戰略思想，並將企業戰略進行了劃分，即企業總體層面和經營層面。SWOT模型的發明人安德魯斯認為除了制定之外，企業戰略更需要切實的執行和實施。企業制定切實可行的戰略方針需要考慮內外部環境的特點和對自身清醒的認識。

進入20世紀80年代，理論界和企業界都開始認識到，外部環境的變化是企業面臨不確定性的主要原因，這就使得企業戰略研究的重點逐漸轉移到外部環境因素的分析上來。學者們針對外部環境，提出了相應的分析模型，其中尤以邁克爾·波特的理論最為全面。波特在這個時期出版的多本專著對企業戰略理論進行了全方位的闡述。他認為企業的戰略定位來自兩個方面，首先是對行業的瞭解程度，其次是對自身優勢的掌控。準確的戰略定位能夠為企業帶來長期的競爭優勢，企業可以運用波特的五力模型來評估競爭優勢。在競爭優勢理論的基礎之上，波特發現企業實際上並不是獨立存在的經濟單位，它們都生存於一條「價值鏈」之上。價值鏈模型的提出，打開了企業經營「黑箱」的一角，揭示了企業價值創造的過程。

（2）基於資源、能力理論的競爭優勢觀

進入20世紀90年代，技術進步和經濟全球化進程加快，經濟運行從局部過剩轉變為全面過剩，產業的結構化特徵變得越來越模糊，戰略定位理論已經無法解釋同一行業內企業之間績效差異普遍存在的現象，競爭優勢來源於企業外部產業環境的思維模式開始面臨挑戰，於是資源能力理論應運而生。

資源基礎理論的早期思想來自於Penrose撰寫的專著中。她

所提出的三個重要觀點為資源基礎論奠定了基礎：一是企業不僅僅是一個管理單元，同時還是生產性資源的集合；二是企業就所擁有的資源而言是異質性的；三是企業的資源影響企業的績效。同時她認為，隨著知識的不斷累積，企業生產部門的生產能力和管理部門的決策能力都會提高，這樣就可以節約資源、提高效率，創造更多價值。

Wernerfelt（1986）、Barney（1991）等學者逐步發展和完善了企業資源理論的思想，創立了以資源為基礎的競爭優勢觀，並形成了基於資源的戰略理論（resource-based theory）。資源基礎理論為企業戰略理論提供了一個新的研究範式，它將重點放在資源稟賦和要素市場上，並以此來解釋企業之間的異質性和競爭優勢差異。該學派也因此被稱之為「資源學派」。

Wernerfelt（1984）認為，企業的競爭力來源於其擁有的資源及其特徵，如果一個企業具有一定的資源優勢，那麼該企業在市場中的競爭優勢就能夠得到確立，資源還決定了企業經營戰略的廣度和深度。Barney（1986）提出了「戰略要素市場」（strategic elements market）的概念，在該市場上獲取的資源對於企業而言是其生存所必需的，如果該市場是完全競爭性市場，那麼企業就無法獲得李嘉圖租金，那麼也不會產生資源上的優勢。由此可見，戰略要素市場不可能是完全競爭性市場。事實上，由於參與戰略資源交易企業天然的信息不對稱性，必然會有企業取得具有戰略優勢的資源而另一些企業無法獲得。當然，Barney的觀點也並不都符合企業實踐中的事實，例如很多企業競爭優勢的形成在於其長期的內部累積，而非外部取得。實際上，企業的核心競爭力大多數都是在企業內部形成的。

在資源基礎理論的基本框架逐漸形成的同時，一些研究人員將研究的重點轉移到企業不同的資源和能力對持續競爭優勢影響的研究上。這些對具體資源能力的研究包括：Fiol（1991）

對企業的組織文化與競爭優勢的關係進行了研究；Barney 和 Hansen（1994）對組織和個人之間的信任與競爭優勢的關係進行了研究；Powell（1993）對企業的管理技能與競爭優勢的關係進行了研究；Amit 和 Schoemaker（1993）對企業的人力資源與競爭優勢的關係進行了研究；而 Mata，Fuerst 和 Barney（1995）則對信息技術與競爭優勢的關係進行了研究。

　　核心競爭力的分析也是持續競爭優勢研究的重要組成部分。Prahalad 和 Hamel（1990）在《企業核心競爭力》一文中，特別強調了企業核心能力對於多元化發展企業的作用。他們認為核心競爭力首先是一種知識或技能，它能夠有效地緩和生產經營過程中的各種資源耗費，從而提高價值創造能力。周三多、鄒統釺（2002）認為，從本質上講，核心競爭力理論是脫胎於資源基礎論的，其戰略思想的精髓沒有超過資源基礎論的範圍。

　　Stalk，Evans 和 Shulman（1992）特別強調了企業整體能力的概念，這種整體能力以企業員工為載體，主要包括員工和集體的知識、技術等。他們認為企業的整體能力是一個企業能否取得競爭優勢的關鍵。

　　資源能力理論強調要素市場而不是產品市場決定了企業競爭優勢和績效差異。「資源異質性」和「資源流動困難」這兩個基本假設是其對競爭優勢的「來源」和「維持」問題解釋的邏輯基點。資源能力理論認為，由於企業是由異質性資源構成的，要素市場的不完全導致獲取戰略性資源存在障礙，這就阻止了競爭者獲得成功企業的戰略資源。

　　（3）動態能力和組織學習理論的競爭優勢

　　由於資源能力理論主要採取存量分析和靜態分析的方法，在技術條件日新月異、經濟水平高速發展和企業內外部環境高度動盪的時期，它對企業競爭優勢來源和維持的解釋都面臨挑戰。在這樣的背景下，基於動態能力和組織學習與創新的競爭

優勢觀應運而生。

　　Teece 等（1997）從企業獲取資源的過程入手，加入了動態因素對企業戰略進行分析。他們認為企業發展是一個動態變化的過程，在這個過程中企業組織形式、業務方向都會有所改變，這樣企業就要根據不同的環境來制定戰略。同時，企業在發展過程中形成的處理問題的方式和企業文化是企業競爭優勢的主要來源。他們強調了「路徑依賴」（path dependency）的重要性，企業能否形成競爭優勢和獲得發展機會的關鍵在於這種路徑依賴。

　　他們認為，面對快速變化的外部環境，企業必須具備不斷整合、獲取和重構內外部資源和能力的動態能力。動態化的能力實際上是一種不斷變化的能力，使企業能夠適應外部環境帶來的衝擊，並保證企業能夠具備持續競爭優勢。這種「動態能力」的戰略思想採取的是演化視角，而非均衡視角，以知識、資源和能力的內生創造為研究重點，強調企業的應變能力，比早期的以資源和能力存量為基礎的競爭優勢觀更為積極動態，現已成為資源能力流派的一個重要發展方向。

　　明茨伯格將組織學習融入「草根模型」中，並認為企業組織戰略實施的要點在於員工和組織的學習能力，因為戰略在貫徹過程中需要員工和集體通過學習瞭解執行的關鍵所在。Day（1994）則對組織學習進行了分析，他認為企業核心競爭力之一便是組織學習的能力。組織學習的能力不僅難以複製，企業還能夠通過它創造新的價值。組織學習是一個企業基於能力的競爭優勢的重要資源。葉勤等（2004）認為，組織學習理論主要著眼於解決企業內部的知識和經驗從單一員工向集體流動的過程，從而將個體的優勢轉化為企業整體團隊的優勢，並形成組織的競爭力。

　　組織學習理論主要關注的是資源（尤其是無形資源）和能

力的流量，以及資源能力的生成、演化和創新的過程。這可以看作是對以資源和能力為基礎的競爭優勢理論的有益補充，它在一定程度上回答了企業的戰略性資源和能力的來源問題。

知識隨企業歷史而累積並根植於常規（慣例）和結構中，而常規（慣例）具有路徑依賴性，企業過去的經驗經常會塑造當前的路徑，影響企業認識新的外部機會和內部資源的可能性，影響管理者的洞察力，削弱組織學習的意願和能力，而且影響組織對知識和學習方式的選擇。所以，基於組織學習的競爭優勢觀，雖然部分解釋了企業戰略性資源和能力的來源問題，但常規（慣例）的限制和路徑依賴的影響，使得通過組織學習來獲得持續競爭優勢的思想還存在不足。在基於組織學習的競爭優勢觀面臨挑戰的情況下，基於組織創新的競爭優勢觀逐漸引起人們的關注。

(4) 組織創新理論的競爭優勢

技術層面的不斷創新對企業組織的影響是巨大的，企業組織同樣需要不斷學習和創新才能適應動態環境。熊彼特是組織創新理論公認的鼻祖。

熊彼特在他的早期著作中將創新視為一種創造性破壞，在這個過程中新技術容易進入市場，企業家起重要作用，新企業從事創新活動，個別企業家的創新會破壞性改變現有的產業結構，而后面的創新又會推翻目前的產業現狀，如此不斷持續下去。這種思想被稱為熊彼特模型Ⅰ。Romer（1986）通過其構建的內生增長模型對經濟發展進行分析。他發現知識的累積是長期經濟增長的最主要驅動力量。Klepper（1996）認為，在產業成熟時期，具有壟斷力量的大企業往往成為創新活動的中心。但是，當出現關鍵知識、技術和市場的中斷時，創新活動的熊彼特模式Ⅰ可能被模式Ⅱ取代。具有壟斷力量的在位企業的穩定地位會被更激進的新企業取代，這些企業通過使用新技術或

集中於新需求而獲得成功。熊彼特在1942年重新修正了他的創新模型，新模型被稱為熊彼特模型Ⅱ。這一模型所提出的新思想認為創新可以不偏離既定技術路線，由於知識有很大的隱含成分，是企業專有的，因此創新來自不同企業內部技術能力的累積，構成產業進入障礙，創造性累積導致現有的大企業占優勢，新的創新者存在產業進入障礙。

Alchian 和 Demsetz（1972）認為，創新是一種能力，這種能力實際上就是辨別資源屬性、獲取優勢資源的能力，它還可以保證企業在競爭對手獲取優勢性資源之前得到那些優勢資源。Utterback 和 Abernathy（1975）則認為，全面而組合式的創新實質上是企業在發展戰略引導下，系統性地針對企業組織結構中的各個環節進行的不斷完善和改進，其中包括願景、企業文化、部門規章、技術水平等多個方面。按照這一說法，企業要獲取持續的競爭優勢就必須實現組合創新。

組織創新雖然能夠帶來競爭優勢，但是這種觀點亦存在理論短板。創新行為本身與企業價值創造之間的關係如何，這一理論還難以解釋。傳統的觀點都認為創新只是一種單純的技術現象，通過技術創新能夠獲得經濟效益的一定增加。如果創新行為能夠給企業帶來價值增值，那麼這種價值增加的原理何在，可能還需企業戰略的研究隨著經濟學、管理學的發展不斷進行演變。早期戰略理論關注內外部環境的適應性問題；接著學者們發現競爭優勢的獲得在於企業能夠掌控那些關鍵的資源和其他組織並不具備的特殊能力；之后的研究逐漸細化了能夠給企業帶來競爭優勢的資源和能力，並發現企業需要做到與時俱進，擁有知識、學習、創新等不同要素的企業才有可能獲得競爭對手難以模仿的競爭優勢。不過，學習、創新等能力並不能通過客觀的數據或標準來進行詳盡的表述，這也提高了戰略實施的難度。

2.3　本章小結

　　本章首先對無形資源研究的相關理論基礎進行了綜述，接著對現有研究無形資源的相關文獻進行了梳理和總結。經濟學、管理學、財務學和會計學等不同學科的研究均對無形資源相關問題有所涉及，儘管研究視角存在差異，但是從多角度分析並歸納總結其研究結論，能夠更全面、更準確地在財務學範疇內對無形資源的內涵進行定位。從理論上來看，無形資源相關問題的產生與企業理論、企業價值創造理論、戰略管理理論和新經濟增長理論等密切相關。不僅如此，隨著經濟的持續發展，無形資源價值創造能力的提升也在一定程度上推動了相關理論的演進。

3 無形資源概念研究

3.1 無形資源相關概念的界定

3.1.1 資源、資本和資產概念的區分

本書的研究過程首先需要對「資源」「資本」和「資產」概念進行系統的梳理和甄別，以確定無形資源問題的研究方向具有財務學理論意義。雖然經濟學、管理學、會計學和財務學等不同學科的研究都會涉及這幾個相關概念，但是基於不同研究起點的各學科對同一名詞概念內涵與外延的界定往往會有所差異，部分研究文獻中甚至將這三個概念進行混用，不加過多的區分。從財務學的維度來看，資源、資本和資產概念具有明顯的區別，這些名詞的使用被嚴格限制在特定的範圍內。

經濟學是解決資源稀缺性問題的學科，從經濟學角度來說，資源就是生產要素的代名詞。[1]因此經濟學關注的資源是一個具有廣泛性的概念，即在人類生存的環境和空間裡那些具有使用價值的有形和無形的物質。從長期來看，任何資源都是稀缺的，

---

[1] 彼得·蒙德爾.經濟學解說［M］.胡代光，譯.北京：經濟科學出版社，2000：132.

正好印證了古典經濟學的基本假設。相比較而言，管理學、會計學和財務學等均以企業問題作為主要研究對象，因此它們對資源範圍的圈定就顯得狹小得多。以財務學為例，如果套用經濟學的相關定義，財務學就是一門關注企業內部財務資源配置問題的學科。不過，相對於經濟學的資源，財務資源是「價值」與「權利」的結合①，它不僅具有價值創造特徵，還具有產權屬性。狹義的財務資源範疇僅包含那些企業能夠使用的資金及其轉化形式。② 不過，隨著社會的發展，經濟、技術等客觀條件的變化和企業財務目標的不斷更新使得財務資源的範疇也愈加廣泛化，並不再囿於資金和其他有形資源的範圍限制，財務制度③、財務關係④等一系列「無形要素」也被納入財務資源的範疇。實際上，財務學對資源概念的解讀不僅包含對企業內部價值運動的高度抽象和概括，還隱含了各種形態資源的流動、轉化背后的資金流運動。

在經濟學意義上，「資本」指的是用於生產的基本生產要素，它與資源的不同之處在於資本具有增值特性，不過在具體問題的研究中，「資本」和「資源」概念往往並不加以嚴格的區分。馬克思對「資本」有著獨特的見解，他認為資本是一種自行增值的價值，並且它也不是一個單純的物質概念，是一種以物為媒介的人和人之間的社會關係。⑤ 從馬克思的觀點來看，資本概念應從兩個維度進行理解：首先，資本可以視作資源的

---

① 湯谷良.現代企業財務的產權思考 [J].會計研究，1994 (8)：6.
② 李維華.企業全面資源營運論 [M].北京：機械工業出版社，2003：57.
③ 黃國良，鐘曉軍，丁長軍.企業財務能力提升問題研究 [J].煤炭經濟研究，2003 (11)：50-51.
④ 伍中信.現代財務經濟導論 [M].上海：立信會計出版社，1999：32.
⑤ 馬克思.資本論：第 2 卷 [M].中共中央馬克思恩格斯列寧斯大林著作編譯局，譯.北京：人民出版社，2004：122.

一部分，即那些專門用於價值生產過程並獲取額外價值的資源；其次，資本的社會屬性使其必須具有一定的從屬關係。會計學角度的資本更多指代公司的所有者權益。例如《國際會計準則》（IAS）2003版第102條指出，資本的財務概念如同投入的貨幣或投入的購買力，是企業淨資產或權益的同義語；資本的實物概念如同營運能力，被看作是以每日產量等為基礎的企業的生產能力。[1] 可見，會計學中的資本是指企業出資人投入企業的那部分財產，這部分財產的所有權歸出資人所有，並通過資本帳戶的形式進行記錄和反應，資本帳戶成為聯繫企業與投資人的核心。會計學中的資本概念具有明顯的會計核算的特徵。經濟學與會計學的資本概念相比，會計學的資本概念更強調其法律意義而不完全是其經濟意義，反應的是與投資人的產權關係；而經濟學的資本概念則更著重於資本的自然屬性與社會意義，它反應的是生產中的勞動條件和勞動關係。

　　財務學的資本概念介於會計學和經濟學之間，它既包含資本在經濟意義上的價值增值性，又強調資本特定的產權屬性是財務管理問題產生的根源。有學者指出，財務學的起點是資本[2]，這是因為財務學意義上的資本價值增值特徵和產權歸屬性質恰好為籌資、投資、分配等不同財務活動提供了前提。這也說明作為財務學框架內的一個獨立概念，資本不能與「資源」概念混用，它特指由企業控制產權並能為其創造新價值的財務資源。由此可見，財務學所研究的「資源」都應具備增值特徵和產權屬性，也就是被不同利益相關者掌控產權並獲得價值分配權，這也構成了財務活動的重要一環：價值分配過程。企業

---

[1] 周紅，王建新，張鐵鑄.國際會計準則[M].大連：東北財經大學出版社，2008：85.

[2] 干勝道.所有者財務論[M].成都：西南財經大學出版社，1998：23.

的資源獲取過程實質上就是通過交易等來獲得資源的控制權、收益權的行為。對於本書所討論的無形資源同樣如此，雖然無形資源具有價值創造能力，但無形資源進行價值分配的本質和前提在於其資本轉化特徵和產權屬性，也就是無形資源必須轉化為財務學意義上的資本。

「資產」是與「資本」最為接近的一個概念，會計學對資產有嚴格的表述和評定標準。作為一種對象化的資源，資產同樣從屬於資源，它被企業所控制並能夠帶來可計量的經濟利益流入。資產是資本的對應物，是資本的相對固定的存在方式與表現形式，資本則是資產的價值化抽象。換言之，企業任何資產的價值形態都是屬於資本範疇的。這種關係在定量層面可以表述為：資產總額＝資本總額。

從資源、資本和資產的不同含義和表述來看，經濟學意義上的資源是一個總體概念，財務學意義上的資源則是一個學科範疇的概念，該概念涵蓋了資源的獲取、耗費、價值創造和分配過程。資本、資產都屬於資源範疇，資源是資財之源，也就是說，資源只有在一定的限制條件下才能夠被稱為資本或資產。本書的主要研究對象——無形資源來源於經濟學的資源概念。為了充分體現財務學的學科特色和研究目標，本書將詳細闡述無形資源的價值創造機理、獲取戰略及產權配置。

3.1.2 無形資源、無形資產和無形資本

在財務學的研究框架內，無形資源、無形資本和無形資產是與無形資源相關性最高的是三個概念，在相關的研究文獻中，它們的出現頻率也是最高的。結合資源、資本和資產的概念，我們可以對這三個概念的內涵進行清晰的界定。

企業所擁有的無形資源專指那些能夠創造價值的無實物形態的資源，包括專利權、商標權、人力資源、政策資源、關係

資源、技術訣竅、企業文化、信息網路等。無形資產是無形資源的特定轉化形式，能夠在資產負債表中列示。如果說無形資源屬於經濟學和管理學範疇概念的話，那麼無形資產則是一個會計學和財務學的概念。中國《企業會計準則》將無形資產定義為企業擁有或控制的沒有實物形態的可辨認非貨幣性資產。[1] 這一定義嚴格地將不滿足會計學資產定義的無形資源隔離在無形資產的概念範圍之外，從而使財務報表只能夠體現這一部分無形資源的成本耗費[2]，而無法體現其價值創造能力。可見，財務報表列報的資產數據並不能完全反應企業的價值創造能力，這可能導致管理者的短期行為，也不利於投資者預測企業未來的成長性和投資價值。

相對於無形資產來說，無形資本具有同質性、增值性和產權屬性三大特點。其中同質性是無形資本所特有的價值特徵，以區分於無形資產：不同類型的無形資本從價值創造角度來看都是同質的，是以價值形式對無形資產進行的抽象和綜合反應。

由此可見，無形資產是特定主體擁有或控制的、會計化的無形資源，也是無形資本的對象物和價值承擔者，它反應企業無形資源的具體內容和構成狀況；無形資本則是無形資產的價值綜合與抽象，它反應企業無形資產的增值特性和權益屬性。無形資源一旦進行會計化處理，那麼，它一方面形成企業的無形資產，另一方面則增加了企業的無形資本。前者屬於企業的法人資產，由企業經營者控制、支配和使用，后者則是屬於企業所有者的權益，它反應所有者對企業無形資產價值的要求權，包括佔有權、增值分享權等。

---

[1] 財政部會計司編寫組. 企業會計準則講解 2008 [M]. 北京：人民出版社，2008：98-99.

[2] 企業為獲取無形資源而支付的對價主要以費用形式列示在利潤表中。

3.2 無形資源的定義

正如前文所描述的那樣，財務學範疇的狹義資源（也被稱為財務資源）僅指那些企業能夠使用的資金及其所轉化的其他有形資源。在大工業生產時代，資金和其他有形資源是企業利潤和股東財富的源泉。不過，隨著經濟和技術水平的飛速發展，大量無實物形態資源開始為企業所掌控，與之相關的資源內涵和外延也亟待拓展。資源基礎論認為，企業是資源和能力的集合體[1]，資源是企業生存和發展的基礎與保障，其中有一部分資源形成了企業的核心競爭力，是企業獲得市場份額和行業地位的關鍵。根據競爭優勢理論中關於核心資源的描述[2]，無形資源同樣也滿足關於戰略資源的五個條件。

學術界對資源基礎論的觀點討論較多，雖然不同學者關於資源內涵有不同的界定，但大多數人都突破了資源物質性、實物性的界限，並將以人、組織為載體的各種無實物形態的資源納入資源的範疇之中。有學者由此認為現代財務學中的資源已經成為一種「泛化」的資源，它包含企業所擁有或控制的物質資源、人力資源和顧客資源。[3] 實際上，雖然學術界已經認可了無形資源在企業價值創造中的重要作用，但是對於這類資源的研究維度和總體命名還存在爭議。仍然以財務學範疇的研究為

---

[1] 李慶華，項保華. 基於企業競爭戰略的企業性質研究 [J]. 中國軟科學，2002 (11)：58-61.

[2] 韓經綸，王永貴，楊永恆. 現代企業競爭優勢探源 [J]. 南開經濟研究，1998 (5)：39-44.

[3] 朱明秀. 泛財務資源論 [J]. 當代財經，2009 (9)：116.

例，以「無形資源」「無形資本」「軟財務」① 等來命名非實物形態資源的文獻較多，而不同文獻中的「無形資源」概念所指也不盡相同，例如有的將其定義為那些對企業有用或有價值並可以用貨幣計量的所有部分的集合②。也有學者以「泛資源觀」的視角來解讀財務學的研究框架和組成要素的變化。「泛資源」專指對企業有價值的所有資源的集合體③。根據這一提法，資源的範疇必然會擴大，從而會引起財務學的研究對象和研究框架的變化。

本書並不讚同部分文獻中對「資源」「資本」的混用，因為這會在一定程度上混淆無形資源概念的內涵和外延。而「泛資源觀」這一提法也不嚴謹，其原因在於它只是在宏觀層面提出的財務學科研究的新視角，並沒有對無形資源的範疇進行嚴格劃分，這會導致相關研究存在一定的模糊性。另外，「軟財務」則是一個提綱性的名詞，它體現了對整個財務學科理論概念和研究框架的拓展。因此從財務學視角來看，無形資源應是更為適當的提法。「無形資源」是一個總攬性概念，它既是財務學範疇內各種非實物形態資源特點的高度總結，又體現了這類資源共同的價值創造特點以及財務學的學科特色。「無形」不只是一種對資源外在特點的表述，也是對其內在屬性的準確把握，這類資源價值創造過程也不像有形資源那樣易於觀察。

基於此，本書所探討的無形資源是指以員工或企業組織為載體，不具備實物形態、能夠為企業帶來新價值流入的資源。從某種意義上來說，無形資源是知識、技能、經驗等在企業及與之相關的價值網路中的具體表現。與有形資源一樣，無形資

---

① 茅寧，王晨. 軟財務 [M]. 北京：中國經濟出版社，2005：27.
② 周曉惠，許永池. 論企業財務資源優化 [J]. 財會通訊：學術版，2006 (7)：26-29.
③ 蘭豔澤. 論財務管理的泛資源觀念 [J]. 當代財經，2002 (12)：77.

源也是企業投入一定成本獲得的，不過它們的價值創造能力往往能超過有形資源，成為實現企業價值最大化目標的關鍵驅動因素。無形資源與有形資源最大的區別在於前者必須通過人或組織作為載體而存在，因此涉及無形資源的企業價值運動、價值創造流程以及與之相關的產權和分配問題也更趨複雜化。

就內涵而言，無形資源還存在可辨認和不可辨認的區別。廣義上的無形資源指各種能為企業創造價值的無實物形態資源，不論其是否能夠作為資產進行列報，都包括可辨認無形資源和不可辨認無形資源。狹義的無形資源概念則僅指那些不能作為資產列報，「隱藏」在企業內部的無形資源，也就是不可辨認的無形資源（表外無形資源）。

從無形資源與有形資源的關係來看，前者是通過後者轉化而來的，在當前經濟環境下是企業創造價值的主導因素。雖然二者都是初始資金的轉化形式，且它們之間能夠進行相互轉換，並能為企業帶來價值增值，但是無形資源是沒有實物形態、不滿足資產定義、無法在資產負債表中反應的資源；而有形資源則是各種具有實物形態、能夠滿足資產的計量條件、可以在資產負債表中反應的資源。

3.3 無形資源的分類

根據資源載體和企業邊界等方面的差異，無形資源可以分為人力資源、組織資源和關係資源三大類。其中人力資源的直接載體是企業員工，組織資源的直接載體是企業組織本身，關係資源的直接載體既可以是企業組織也可以是員工。從企業邊界來看，人力資源和組織資源均產生於企業組織內部，而關係資源是企業通過與外界的互動而產生的。

目前有學者認為無形資源還包括聲譽資源、網路資源等。但是本書認為聲譽資源與會計學中的商譽存在重複定義，而網路資源定義較模糊並且只有少量特殊性質企業才擁有這種資源，因此本書未將這兩類資源納入無形資源的範圍中。事實上，由於企業組織是由員工個人所組成的，以組織為載體的組織資源和關係資源最終仍然依附於員工個人（也就是以員工作為間接載體）。因此，從某種意義上來說，組織資源和關係資源只是人力資源的一種升華。將其作為無形資源的三大類別進行研究，不僅可以涵蓋幾乎所有的非實物形態資源，還在邏輯關係上具有一定的延續性。

無形資源分類如圖 3-1 所示。

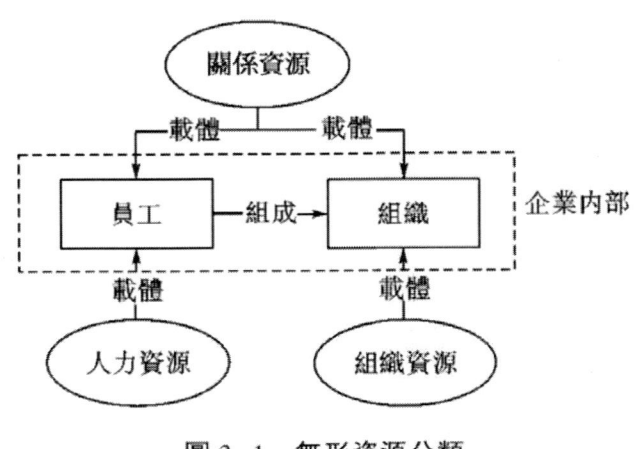

圖 3-1　無形資源分類

3.3.1　人力資源

所謂人力資源，專指依附於企業員工而存在的無形資源，包括知識、技能、能力和經驗等。作為企業擁有的資源，增值性是其必須具備的基本屬性，對於人力資源而言同樣如此，因此人力資源的投入產出和價值創造是需要首先考慮的問題。

對人力資本的深入研究實際上促成了理論界和實務界對企

業人力資源投入產出效率的關注。作為最早提及人力資本的學者，舒爾茨在其著作中將「人力資本」描述為個人在成長過程中支付的以教育培訓成本為主的非日常性生活支出，他還進一步將人力資本分為學習能力、完成有意義的工作能力、進行各項文娛體育的能力、創造力和應付非均衡的能力。[1] 這裡的人力資本實際上只是人力資源形成過程中所支付的成本，也就是人力資源成本。在舒爾茨看來，處於社會體系中的個人收入差別來自於他們是否接受過教育和培訓，以及接受了多少教育和培訓，而教育和培訓能夠通過投入成本的多寡來衡量。因此，教育費用、人力資源成本和價值貢獻三者之間建立了一種演進的邏輯關係。當然，教育水平並不能完全解釋人力資源的形成過程，一個人的天賦、經歷等均會對個人的價值創造能力產生影響。例如，在運動員這種需要一定先天稟賦的職業人群中，雖然成才需要投入大量成本，但是如果對一名毫無運動天賦的普通人投入同樣多的成本進行培養，其形成的人力資源水平必然會低於具有運動天賦的人。實際上，對於不同行業，人力資源理應具有不同的表現形式，例如一家職業足球俱樂部和一家製造業上市公司所擁有的特定人力資源的含義是不同的。對於企業而言，其價值最大化的目標決定了人力資源與企業的價值創造能力有關。它主要指個人在處理處理日常事務和突發事件中體現出來的知識、能力和經驗，和將新信息、新知識轉化為新價值的學習能力。

一般而言，人力資源的形成來自四個方面：第一是個人接受的正規教育和技能培訓，這涵蓋了初等、中等和高等教育以及按個人意願而進行的各種培訓。正規化的教育和培訓能夠提

---

[1] T 舒爾茨.論人力資本投資 [M].吳珠華，譯. 北京：北京經濟學院出版社，1990：35.

高個人素質和能力已經是一種社會共識。第二是在職培訓，一般是企業對員工所進行的崗位技能、公司文化等方面的培訓，旨在幫助員工適應新環境新技術、學習與推廣新知識新經驗、提高勞動素質技能等。第三是干中學，即工作學習中的自然累積。第四則是科研投入，科研實際上是一種特殊形式的新知識和新信息的發現、開發專門活動。這種新信息具有一定的經濟價值，因而顯得特別重要，需要通過特殊技能和設施來發現和開發。從成本支付角度來看，個人接受教育和技能培訓所產生的成本來自兩個方面：國家支付的教育補貼和個人的機會成本。企業一般不承擔正規教育成本，在職培訓和科研的成本主要由企業承擔。

從企業價值創造和產權屬性的角度來看，人力資源是企業和員工個體對員工持續投資形成的，員工個人是所有者但不擁有完全的所有權（由企業擁有使用權和收益權）的，能夠創造新價值的知識沉澱和累積。儘管人力資源只能以單個個體為其載體，但是人力資源的聚集能夠產生一定的協同效應。這是因為個體和群體、組織以及社會都存在著緊密聯繫，是不可分割的整體，個體層面的人力資源能夠在一定條件下升華到其他兩個層面，個人、群體和組織都是人力資源的重要聚集地。考慮到人力資本的非獨立性特點，可以將其分為個體能力、群體知識和組織整體知識三個方面。

（1）個體能力

學術界現有的關於人力資源討論得最多的實際上都是針對個體能力的，例如舒爾茨最早將人力資本定義為個體的具有經濟價值的能力。

人力資源實際上就是企業中每個員工所擁有的知識、技能等，即個體能力。這些直接從屬於人的要素是員工個人所有的，企業無法、也不可能獲得個體能力，只有通過雇傭關係支付一

定報酬，才能使員工為企業工作，也就是說，人力資源具有「非激勵難以調度」的特徵。從這一點來看，企業所擁有的人力資源只能算作一種較特殊的資源，與資金、固定資產這些有形資源並不存在較大的區別。對於員工個人而言，個體能力的價值並不能一直保持在同一個水準，隨著個人不斷學習和經驗累積，其個人能力會逐漸提高（學習和經驗累積的中斷同樣也有降低個體能力的可能）。有的學者根據個體能力的不同，將這類人力資源分為普通人力資源（普通員工具有的人力資源）、企業家人力資源、經理人人力資源和專家人力資源[1]。

個體能力受到以下四個方面因素的影響：天賦、教育培訓、經驗累積和激勵。天賦決定了一個人的智商和情商水平和處理緊急問題的方式。教育培訓是個人對自己人力資源的投資累積，通常個人受教育的程度與其個人的專業素質和擁有的知識正相關。因此，受教育水平常常作為掌握一定知識的表徵。經驗累積是個人對所經歷的各種工作內容所進行的一種學習和記憶，它與個人處理日常事務方式有關。激勵是企業對員工所施加的，它能夠有效促進員工努力、高效地完成各項工作。激勵往往能夠使員工態度積極並充滿自信，這樣能夠提高知識發揮和應用的效率。

（2）群體知識

個人雖然是組成企業組織的基本單位，但是個人並不是直接組成企業的，而是先結合成群體來完成工作任務。正如霍桑試驗所驗證的，群體成員在工作中會形成一種默契和團隊精神，這種默契能夠提高企業的經營和管理效率，群體的產出往往多於個人產出的累加值。這種超額的產出就是由群體知識帶來的，

---

[1] 時永順.人力資本企業產權問題研究 [M].北京：首都經濟貿易大學出版社，2007：27.

群體知識只能在員工群體中產生，並由群體成員共享，一旦脫離群體就不再存在。

群體知識主要產生於群體中各個成員不同的個人經歷、教育水平、工作經驗等所產生的共享和互補，另外群體在長期工作中形成的相互認可和信任給予了成員共享知識、經驗和技術的機會。群體知識猶如一個人力資源池（pool of human resources），當個體的知識匯集起來時，形成的總體人力資源往往大於單個人力資源的加總數。

（3）組織整體知識

組織整體知識表示企業組織整體人力資源水平，包括知識、技能、經驗等在經營管理過程中的運用。雖然群體內知識的互補性使得員工的整體知識水平大於個人能力的總和，但是在組織層面，人力資源的發揮受到組織的正式科層制度的限制。個體間非正式網路以及個體的社會關係網路中的知識累積和營運的程度，受到個體所承擔的職責和所處的地位影響，個體的能力發揮往往需要依賴於組織結構等因素。從這一點來看，組織整體知識與組織資源存在一定的關聯。因此，個體能力的發揮依賴於所處的企業網路節點可以被利用的資源數量，以及個體對這些資源進行專業化投資形成的個體專用化資源的累積。例如，員工在和顧客的接觸中，對組織客戶關係進行專業化的投資，形成特定的個人關係資源，這種資源是組織關係資源向個人資源的溢出。同樣，個人對工作投入形成知識的累積，即將知識運用於特定場景解決問題的能力，往往與其在組織流程中的分工相關。

3.3.2 組織資源

一旦談及知識，人們通常首先將注意力集中在企業中的個人，強調人力資源的作用，將其他無形資源等同於人力資源。

這種觀點認為知識的天然載體是個人，排除了組織作為知識載體的可能性。因此企業組織只是人力資源和物質資源的結合體，這也是為何長期以來人們對於組織資源的研究要少於對人力資源的研究。

對於組織資源，有部分觀點認為它來自於組織特定的結構屬性，因此也可以將其稱為結構資源。① 不過本書認為，組織資源的定義要比結構資源更為準確，其內涵也要廣泛。組織資源並不簡單等同於組織的結構和流程。結構和流程可以在短期內改變和形成，但是組織資源需要組織持續地對組織的戰略、結構、流程乃至制度和文化進行長期投資累積才能形成。環境巨變會造成組織制度、文化和結構的損害，通常組織發生變化和重組時不是在累積而是在消耗組織資源，所以組織資源的累積非常緩慢和困難。

組織資源實際上是工作日結束后留存在組織內部的知識，這些組織知識能夠在經濟環境不穩定、企業面臨重組等重大事項時有效降低企業價值的損耗，同時組織知識本身也能夠通過特定渠道轉化為價值。組織知識產生價值，具有顯性、隱性和動態的特點，知識的這種特點決定了企業組織、資本的形成。隱性知識通過外顯化等方式發揮作用，在個人、團隊、組織之間傳遞，同時隱性知識和顯性知識還可以彼此轉化，並由此帶來新知識。按照知識理論的觀點，企業組織給知識的流動和轉移提供了一個良好的載體，此外它還是知識和信息產生的機器。這樣一部「精密」的知識處理機器能夠幫助企業對組織結構進行有效的改進，並獲取新知識，以應對經營運作中的突發問題。組織知識產生的程序因此是一種漸進的推動過程：首先通過知

---

① 馬曉君. 中國企業無形資產統計問題研究 [M]. 北京：人民出版社，2013：143.

識累積獲得知識處理的系統，再利用該系統接收新知識。組織知識及其產生程序的形成過程也就是組織資源形成機制，這個過程包括知識獲得、知識傳遞、知識解讀和組織記憶四個步驟。

企業員工通過經驗學習、模仿學習、技術再生、搜尋與注意而獲得知識。在知識擴散階段包括四個方面：第一、隱性知識之間的同化過程。共同化即分享經驗，在生產經營過程中，員工之間一般都會進行相互學習和模仿，以提高生產效率，知識和經驗在這一過程中實際上得到了分享和社會化。不過，其缺點是員工的瞭解是非系統化的，不全面，知識不容易使用，由於每個人的領悟力不相同，效果也不一樣。第二、由隱性到顯性的外化，外化是將「內隱知識」明白表達為「外顯觀念」的過程。一般而言，企業員工根據自身擁有的多年工作經驗能夠形成一套處理問題的方式和方法，這是一種隱性知識。而如果將這些經驗、方式和方法通過一些特定方式進行傳播，那麼就實現了隱性知識到顯性知識的外化。第三、從顯性到顯性的傳遞，這種傳遞是將工作技能與專業知識觀念化，在觀念化的基礎上加以系統化，從而形成知識體系的過程。也就是組織成員把知識體系中的片斷進行收集和整理，通過特定方法使其具有連續性和全面性，比如企業培訓資料、工具操作指南、內部管理會計報告等。其缺點是雖然知識與信息得到整合，但公司現有的知識基礎不一定因此真正擴大。第四、從顯性到隱性的內化，通過「工作中學習」的方式，不斷體會和總結經驗，相關經驗內化至組織成員個人內隱知識之中，成為組織文化的一部分。在內化過程當中，組織成員能分享新的顯性知識，運用該知識來重新界定本身的隱性知識並對本身隱性知識進行擴大、延伸與發展。這種內在化的過程表現為組織知識的創造，即組織將隱性知識轉化為顯性知識，通過知識獲取系統，企業能夠對知識進行大量累積。

組織知識的轉移是伴隨著知識的擴散過程同步進行的。知識轉移最重要的是溝通和應用，溝通可以是書面的，也可以是口頭的。通過有效的溝通機制（如會議、頭腦風暴、共同研發等），有限知識的轉移才能發揮作用。人們獲取知識的目的是應用知識，在應用中繼承與創新。由於新知識僅僅停留在被企業組織成員接收的階段，並沒有被完全吸收和消化，因此這種溝通和應用僅是管理人員，尤其是高層次管理人員之間的交流。對於實現技術轉移成功的企業，知識轉移必須進行到「同化」階段后才是完全吸收。同化在知識轉移中最重要，也是最關鍵的，它將所有知識結果轉變成組織行為規則，進而轉變成組織工作的日常內容。使知識擴散的關鍵就在於對知識傳播者的投入和對傳播媒介的投入。當然，知識的擴散受到組織成員以及認知經驗的影響，同時媒介使用程度、信息負載程度也是影響知識擴散的重要因素，如果媒介使用程度高、信息負載程度大，擴散就越快。因此，良好的會展中心、通信設備、互聯網以及知識團隊，決定了知識擴散的速度，因為知識擴散受到認知或經驗、媒介使用程度、信息負載程度的影響。

　　知識擴散後，組織應對擴散的知識進行解讀，也就是組織資源概念化、系統化、共同化和操作化的過程，這是組織獲得知識、消化知識的前提。組織資源的概念化是指將組織中擴散的知識進行抽象，形成某種觀念和模式。概念化之後的組織資源便形成了一種行為準則或企業文化，它能夠對員工的行為施加指導。組織資源的系統化是指顯性知識在概念化的基礎上通過建立概念與概念之間的聯繫，進行知識整合、梳理和條理化，從而使組織知識形成一個有機的整體。這樣一來，顯性知識便成了系統化組織資源的全部內容，其包括各種以文字形式存在的信息，例如技術手冊、操作指南等。系統化的組織資源中存在的索引能夠幫助企業實施知識管理流程。組織資源的共同化

過程中，知識的傳遞已經超越了企業內部邊界，員工與企業的外部利益相關者的知識交流和傳遞構成了組織資源的同化，外部利益相關者包括客戶、供應商等。雖然知識具有隱形特徵。但是組織資源的一系列應用流程，會使企業內部員工、外部利益相關者對知識產生一定程度的「共鳴」。雖然「共鳴的知識」很難評估或交易，但企業通過自己的經驗，建立起自己的共鳴的組織知識等難以模仿的資產與資源，從而保持競爭優勢。組織資源的操作化是組織資源在組織生產、管理和交易中的實踐化、具體化和條例化，是專為新組織資源生成而構造的一種框架。在這一框架下，新組織資源可能會持續出現，具有動態性和繼承性，並使得企業依靠不斷的訓練來確定思想和行動的形態，並加強分配給組織中的成員。對於企業而言，知識解讀能力來自優秀的頭腦和清晰的表達，執行力則來自於知行結合的控制力和組織能力，因此企業需要招聘那些執行力強的員工來組成團隊。

知識通過獲取、擴散和解讀，最后被組織記憶，儲存在硬件（如手冊、電腦、企業信息系統）或軟件（組織規則和企業文化）之中，成為真正的企業組織的資源。這個組織資源又反過來影響或決定知識的獲得水平，使組織知識螺旋式地擴展，形成規模效益遞增。

由此可見，組織資源並不是新發明出來替代原有的組織結構、科層制度、組織規章、企業文化等的一個新名詞，它實際上是企業在長期的經營過程中對經驗、技能、學習能力、創新能力等各方面知識的累積。組織資源具有整合分散的資源、協調網路中各項價值活動的關鍵功能，如同企業網路神經系統的控制中心，企業的組織結構、業務流程、價值創造模式的形成都是組織資源作用的結果。

3.3.3 關係資源

關係資源蘊含在企業組織和企業外部的利益相關者的關係之中。一般而言，企業組織與外部利益相關者往往處於同一價值網路之中，關係資源的價值創造能力能夠幫助企業獲得額外的新價值。一般而言，企業關係資源存在於和利益相關群體的互動之中：供應商、分銷商、客戶、股東、合作夥伴、競爭者、政府、社團、諮詢機構和公共研究機構等。

關係資源可以根據兩個標準來進行劃分：第一，根據關係資源載體的不同，分為個人關係資源與企業關係資源；第二，根據利益相關者與企業的關係，還可以分為緊密層次關係資源和松散層次關係資源。其中緊密層次關係資源是指企業與那些直接發生關聯的利益相關者互動所產生的關係資源，包括客戶、供應商、合作夥伴等。這些利益相關群體是企業生產經營所必需的要素，並直接作用於企業的結構和流程，和企業存在著直接的經濟利益交換關係。與之相反，松散層次關係資源則是與企業關聯並不緊密的利益相關者，如社團、政府、工會等。當然，松散層次利益相關者或許只是企業價值網路的支持性要素，但松散層次關係資源有時卻能給企業帶來極大的價值效應。例如政府關係往往被視為松散層次的相關關係，但是那些建立了政治關聯的企業可以通過獲得優惠的貸款利息[1]或更大量的政府訂單[2]，從而實現價值的大幅提升。

---

[1] LEUZ C, OBETHOLZER-GEE F. Political relationships, global financing and corporate transparency: Evidence from Indonesia [J]. Journal of Financial Economies, 2006 (81): 411-439.

[2] GOLDMAN, ROCHOLL SO. Political connections and the allocation of Procurement contracts. Indiana University, Working Paper, 2008.

(1) 個人關係資源與企業關係資源

個人不僅是企業的一員，更是社會網路的一個節點。個體層次的相互關係在組織中表現為非正式組織，在社會網路中則表現為個人的社會關係網，與個人社會關係網路密切相關的個人社會關係資源同樣能夠幫助企業創造價值。例如，企業從事融資業務的員工可以利用其在金融機構擔任信貸審核職位的大學同學獲得更低利率的貸款。另外，企業家的個人關係資源對企業生存發展而言更加重要。企業家理論認為個人的關係資源對於企業所有者而言是不可或缺的，企業家個人關係資源的多寡往往決定了一個企業獲取資源能力的強弱。由於個人關係資源依附於員工個人，因此一旦員工離職，這類關係資源也將隨之離開企業。

企業關係資源與個人關係資源相反，這類關係資源依附於企業，相對來說也更穩定，並不會因為員工的離職而消失。個人關係資源和企業關係資源的差異可以用下例進行簡單描述：某行業中，企業生產的產品供過於求且同質化程度較高，企業之間競爭激烈，企業銷售任務的完成主要依靠銷售部門員工與經銷商、客戶建立的長期合作關係，這便是依附於員工個人的關係資源，一旦員工離職，企業將很可能難以形成與經銷商之間的密切合作關係，而離職員工可以將這種關係資源帶至新的企業中。與此相對應，顧客對企業品牌的忠誠則依附於企業的關係資源。

(2) 緊密關係層次的關係資源

一般而言，與企業組織聯繫較為頻繁的下游客戶、上游供應商或者同級別的合作夥伴都屬於緊密關係層次。在該層次中，我們可以觀測到利益相關者和企業直接發生有形資源和無形資源的交換，這些交換關係相互關聯形成價值網路的重要組成部分。

a. 客戶資源

客戶資源是最重要的關係資源,專指企業組織所擁有的長期而且穩定的客戶為企業帶來的價值增值。這種價值的增加不僅包括銷售產品、提供服務獲取的收入,還包括客戶的忠誠度和宣傳、推薦帶來的價值。一般而言,企業長期、穩定的關係資源,需要通過系統構建銷售和分銷渠道、客服體系等來實現。客戶資本的形成是企業與客戶交互學習的結果,與其他無形資源類似,客戶是企業知識的重要源泉,是企業創新的重要因素。客戶資源存在於客戶關係中,企業通過向客戶提供產品和服務獲得客戶支付、客戶持續購買和忠誠度等。客戶向組織提供的價值包括:客戶通過「用中學」形成的知識;客戶可能使用某種更新產品的能力;客戶支付的超額利潤;客戶設計產品的技能。

企業對客戶關係的深度開發將使得客戶關係的觸點向企業組織網路層次深入,客戶的信息和建議可以被組織吸收並運用到生產和創新系統中。同時,企業的品牌和口碑也向客戶網路的其他關係連接擴散,一個關係可以延伸到客戶網路的其他部分,甚至可以抵達新的客戶細分市場。老的客戶可以帶來新的客戶,新的客戶又能提供新的市場需求信息。因此,客戶關係的價值不僅在於能夠給企業現有產品的銷售提供穩定的保障,還包含客戶關係的擴張和衍生所帶來的新市場機遇,以及由於這種關係繁殖而形成的價值網路的向外擴展所引起的網路效應的擴大。

b. 供應商關係資源

供應商網路和企業之間不但存在價值交換,還存在合作生產的可能。供應商能夠通過成本降低提升企業價值,這已經成為共識。在有關日本和美國汽車業的供應商網路的比較中,人們發現,日本企業通過建立長久和深入的關係來降低整個供應

鏈的成本和提升產品的質量，從而比美國企業具有更大的競爭力。①

供應商關係另一個重要的價值是保持生產的靈活性。由於市場環境與需求的變化性，企業可能面臨生產線不斷改變的壓力，上遊供應商能夠有效保證產品生產時刻滿足市場需求的變化，降低企業的經營風險。此外，同處價值網路中的上遊供應商還可以向企業提供人力資源方面的支持，例如對企業的產品設計和創新方面進行建議，特別是在知識密集型、產品複雜性高的高科技產業中，供應商的這種支持顯得尤為重要。以消費電子產品為例，蘋果公司的產品 iPhone 移動電話、iPad 平板電腦等產品的外形和功能設計便受到了上遊供應商的較大影響。

c. 合作夥伴關係資源

根據企業的性質不同，合作夥伴可以是研究機構，也可以是通過合資、聯營、控股等關係建立的實體，也可以是金融機構。合作夥伴為企業獲得新的增長機會和改善現有生產結構提供了潛在價值。例如，企業與商業銀行等金融機構的密切合作能夠保證企業獲得足夠的資金支持，這在金融市場資金面緊張呈常態的今天十分重要。

企業的短期經營目標不同，其合作夥伴也會發生相應的變化，這就使得從供應商到客戶的供應鏈系統已經不再是唯一確定的，而是通過組織間網路中關係的整合形成的柔性鏈路。傳統意義上的價值鏈是線性的，企業和利益相關者的關係是星狀的。客戶、供應商、夥伴被隔離開，似乎產品和服務等交換都要通過企業來做仲介。而柔性鏈路下的企業則是嵌入組織間網路層次的關係中，與企業相連的是供應商網路、客戶群網路以及夥伴網路。這些網路之間存在的相互連接使得價值網中存在

---

① 茅寧，王晨. 軟財務 [M]. 北京：中國經濟出版社，2005：146.

多條通向客戶網路的鏈路。

實際上，除了外貿、仲介或者服務外包型企業之外，包括IT行業在內的產品製造企業大都通過結構柔性來創造更多的價值，企業可以隨時調整價值網路中不同關係的配置，從而可以根據特定的需求立即組成最優的產品、價值產生模式。

（3）松散關係層次的關係資源

關係網路中松散層次利益相關者是指和企業之間保持較弱關係的組織和群體，如政府、廣告商、諮詢機構、教育機構和社團等。這些利益相關群體對企業的經營活動主要起輔助的作用。這些關係群體雖然不直接作用於企業的經營活動，但是他們和企業緊密層的關鍵利益相關者存在交換關係，影響到這些利益相關者和企業之間的關係。或者，處於松散層次的利益相關者掌握著某些特殊資源，這些資源中潛藏著市場的機會，如信息機構和諮詢機構可能比企業對市場有更深入的瞭解和認識，在市場中具有廣泛的關係。最后，一些利益相關者的行為可能影響到網路的整體結構或者市場的行為，如政府的政策頒布和廣告效應等。

政治關聯是近年來被學術界廣泛討論的一個話題，從本質上來看它也是一種松散關係層次的關係資源。政治關聯的最直接表現是企業員工具有政府背景，或者直接參與政府活動。隱藏的政治關聯則指企業或其員工通過各種利益輸送，與政府官員建立的緊密關係。企業建立政治關聯的動機往往與該國的制度環境有關，這是因為與獲取其他關係資源類似，企業建立政治關聯同樣需要支付一定的成本，當制度因素決定了企業能夠通過此類關係資源獲得高於成本的收益時，建立政治關聯就成了企業的必然選擇。

政治關聯能夠幫助企業獲得一些直接的財務便利，例如低

成本的融資額度、財政和稅收政策的傾斜、大額政府訂單等。[①]不過與政治關聯有關的價值創造活動卻往往難以通過經驗數據進行準確把握,雖然政治關聯能在一定程度上拉動公司股票的上漲[②],但是這種點對點關係往往只是以個人為載體的,一旦政府官員喪失權力或企業相關員工離開崗位,就會導致企業價值出現萎縮。

3.4 三種無形資源關係分析

無形資源的存在需要相應載體,其中人力資源是直接以人作為載體的,企業將隨著員工的流動而獲取和失去人力資源;組織資源是以組織作為載體的,因為它是工作日結束後留存在組織內部的知識,所以即使員工離開了企業,組織資源仍然存在於組織內部,可以被新進員工所利用;而關係資源則是介於人力資源和組織資源之間的,它既能以人作為載體(例如政治關聯),也能以組織作為載體(例如顧客對企業品牌的忠實度)。不過,從本質上來看三種不同無形資源的最終承載者均是企業員工,即使是以組織為載體的資源,也同樣需要通過構成組織的員工來進行價值創造。這也決定了無形資源發揮其價值創造功能時必須依賴於人際網路、組織層級和價值網路中個體和群體知識、技術、能力的相互作用,這種相互作用同樣也表現為人力資源、組織資源和關係資源之間的互動與關聯。

不同形式無形資源之間的關係如圖 3-2 所示。

---

① 馮延超. 政治關聯成本與企業效率研究 [D]. 長沙:中南大學,2011:25.

② FACCIO M, MASULIS R W, MCCONNELL J J. Political connections and corporate bailouts [J]. Journal of Finance, 2006 (61): 2597-2635.

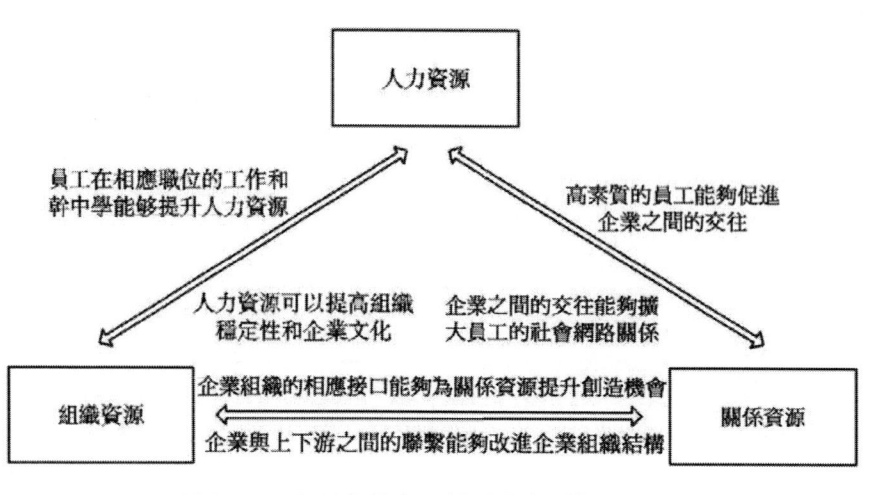

```
                    ┌─────────┐
                    │ 人力資源 │
                    └─────────┘
員工在相應職位的工作和              高素質的員工能夠促進
幹中學能夠提升人力資源              企業之間的交往

      人力資源可以提高組織     企業之間的交往能夠擴
      穩定性和企業文化         大員工的社會網路關係
┌─────────┐                                    ┌─────────┐
│ 組織資源 │  企業組織的相應接口能夠為關係資源提升創造機會 │ 關係資源 │
│         │ ←─────────────────────────────────→ │         │
└─────────┘  企業與上下游之間的聯繫能夠改進企業組織結構   └─────────┘
```

圖 3-2　不同形式無形資源之間的關係

3.4.1　人力資源和組織資源的關係

人力資源與組織資源的關係在於：第一，員工通過在組織中相應職位的工作和干中學能夠提升員工的人力資源；第二，員工人力資源的提升能夠提高組織結構的穩定性，並增強企業凝聚力，從而獲得組織資源的提升。

如前所述，個人存在於組織群體之中，同時也占據組織的特定結構位置。在組織正式的結構控制系統中，一定的職位總是和組織的資源、權力密切相關的，從而也就確定了這些職位之間的關係和信息傳送的渠道。個人占據了特定的組織職位，使得人力資源和這一職位被賦予的權力、知識和信息結合，決定了人力資源發展途徑。職位和組織流程中的相應的環節結合，決定了人力資源的流動方向。企業的組織結構決定了員工個人的人力資源和組織的連接方式，也會在一定程度上影響個人的人力資源水平。組織資源的表現形式之一是企業的制度，在特定制度之下，員工所擁有的人力資源能夠更加有效率地完成價值創造工作。例如，擁有會計學位的大學畢業生在某企業中從

事財務工作，他在這個崗位所從事的相關工作能夠提升他自身的人力資源水平，而該企業亦會組織財務人員進行新會計準則應用培訓，增強其業務水平，這同樣也是提高員工人力資源水平的方式。

企業組織往往需要獲知人力資源如何通過組織資源進行價值轉化，才能夠有效地管理人力資源和組織資源。人力資源在價值創造過程中與之相關的經驗、技術等知識的嵌入，以及人力資源對組織結構的嵌入使得企業組織結構更加穩固，同時提升了組織文化，從而令人力資源真正成為企業的價值源泉。企業對人力資源的專用性投資可以使得群體和團隊的專業技能和知識增加、協作性增強，同時專用性投資還能夠對組織資源起到促進作用，能增加企業的結構和流程效率。人力資源只有與組織資源進行有效的結合，才能夠實現價值轉化和創造的全部過程，人力資源也因此才能成為企業組織的競爭優勢所在。

人力資源和組織資源結合形成了企業組織內不同形式知識在整個價值網路中的社會化、外在化、組合化和內在化過程的交互作用，是核心知識和技術應用到生產過程中的驅動力。也就是說，人力資源可以通過特定組織資源來提高價值創造能力，而組織資源在這一過程中也得到了提升。

3.4.2 人力資源和關係資源的關係

人力資源和關係資源的關係在於：第一，高素質的員工能夠促進企業之間的交往；第二，企業之間的交往能夠擴大員工的社會關係網路。

企業間關係的落腳點是企業組織內部相應流程環節或特定崗位上的員工個人與其他利益相關者的接觸和交往。因此，具有相對更高素質的員工能夠更好地理解利益相關者的需求，並在企業與利益相關者的互動過程中採取更有效率的方式協調與

客戶、供應商和合作夥伴等之間的關係。因此，個體人力資源的水平會對企業關係資源產生顯著影響：較高的人力資源水平提高了組織系統的運行效率，並增進了企業和利益相關者的互動關係中的服務和產品的價值，提高組織的關係資源。

員工的社會關係網路形成於個人的社會交往，以及個人以企業組織中擔任的職位嵌入組織間關係中形成的組織間的交往。員工個人在家庭、社會活動、組織生活不同的場合中扮演不同的角色。由於員工代表企業，其行動往往被打上企業的標記。企業給員工帶來的不僅是工作崗位，還有社會生活平臺。通過企業，個人在和社會的接觸過程中擴展了自己的關係網路和社交範圍。綜合實力更強的企業一般具有更好的組織間關係網路，這就為員工個人提供了更多的社交機會。同時，員工在和利益相關者接觸的過程中能夠增進其本人對客戶和供應商的瞭解，掌握更多業務技能，因此，關係資源可以在一定條件下提升人力資源。

3.4.3 組織資源和關係資源的關係

組織資源與關係資源的關係更多地體現在以企業為載體的組織資源與關係資源的聯繫之上。它們之間的關聯體現在兩個方面：一方面，企業組織的相應接口能夠為關係資源提升創造機會；另一方面，企業與上游供應商、下游客戶之間的聯繫能夠改進企業組織結構。

企業價值網路或者傳統的銷售渠道形成了企業組織資源與下游客戶的關聯，具體的進入形式則取決於客戶的特徵和偏好，以及組織知識和技術的特性。企業的核心知識和技術及其所嵌入的產品和服務是企業向客戶提供的價值核心所在，核心知識和技術與組織生產價值鏈的結合形成了組織產品和服務的內在價值和外在價值。具體來說，如果企業在組織機構設置時能夠

設定某種「接口」與客戶、供應商等進行聯繫，必然會提升企業的關係資源。例如，某家居銷售企業專門設置了呼叫中心（call center），向客戶提供「7×24小時」的點對點諮詢服務。潛在顧客和已購買產品的顧客都可以隨時與企業客戶服務人員進行溝通。這提高了顧客對該企業的認同度，提升了企業的關係資源。

另外，在獲取客戶資源的過程中，企業組織資源的切入點已經不再局限於企業的內部，而是推廣到和客戶的任何一次接觸，以及客戶在使用商品和享受服務的過程中，如產品的售後服務、廢舊品的回收和以舊換新等。也就是說，企業需要根據客戶的不同需求及反饋來調整自身組織資源的狀況，這實質是將產品的整個生命週期納入組織資源的結合範圍內，以最大限度地增加客戶資源的價值。

在關係資源對組織資源的提升方面，企業可以進行特定的組織機構設置，以便將客戶資源導入組織內部結構控制和創新系統的相應環節上，這樣客戶資源就能與企業內部的人力資源及組織資源進行交互作用，創造新價值。例如，對不同客戶定制化的需求，企業可以通過對大數據的分析，將客戶需求信息進行加工之后分別導入客戶訂單處理、採購、裝配、運送、安裝調試、客戶反饋等一系列流程中。在每一個環節上客戶的信息和其他的信息相結合，並被物化到最終產品和服務中去。通過客戶售後服務，有關客戶資源整個生命週期內的知識可以被再次反饋到內部的流程中去，實現企業對客戶整個生命週期的管理。在這樣的互動過程中，組織資源和關係資源不斷融合到一起。

供應商則是通過向組織持續提供原材料、上遊產品實現關係資源和組織資源之間的耦合。例如，供貨成本信息會促使組織調整供應鏈以改變物流效率；組織與供應商共享信息和數據

系統能降低庫存的水平等。供應商的供貨一致性取決於組織和供應商之間能力的匹配，即組織對流入組織和流向供應商的信息和資源的流量的控制能力。這需要組織和供應商雙方達成相互的瞭解和信任的關係，雙方協同達成銜接過程的信息一致性、質量的可靠性以及流程的穩定性。當這種嵌入關係形成的價值來源被進一步導入供應商和組織的作業流程和結構，結構和流程的價值轉化能力將會提高。

3.5　本章小結

在現有的文獻中，雖然「無形資源」的概念被廣泛使用，但是其所指往往存在區別，在一些學者的研究中，無形資源也被冠以諸如無形資本、人力資本等不同的名字。為了確保本書對無形資源問題的研究具有財務學理論意義，必須首先在財務學框架內對無形資源相關概念進行界定。無形資源與有形資源一樣，不僅具有價值增值特點，還暗含了產權屬性特徵，涉及產權分配問題。財務學不僅關注資源的價值創造，還關注新價值的分配問題。不具有實物形態的無形資源概念突破了傳統理論中的相關資源概念的界限，使得財務資源的範疇更加廣闊。無形資源主要包括人力資源、組織資源和關係資源，這三大類資源實際上代表了員工和組織所具備的知識、經驗、能力和技能等。三類無形資源的最終載體實際上都是企業員工，只不過人力資源更加直觀地凝結在企業員工身上，而后兩者則直接以企業組織為載體。無形資源在發揮其價值創造功能時必須依賴於人際網路、組織層級和價值網路中個體和群體知識、技術、能力的相互作用，這種相互作用同樣也表現為人力資源、組織資源和關係資源之間的互動與關聯。

4 無形資源對企業市值影響的實證分析

4.1 理論分析與研究設計

正如前文所述,儘管無形資源存在計量難度,但是企業的部分財務指標、數據與利用無形資源進行價值創造的活動存在密切的因果關係。例如 Ballot (2001) 發現,一旦企業能夠保持一個穩定的員工留存率 (retention rate),那麼人力和技術等無形資源便可以保持在某個恒定不變的生產效率上。這一研究成果揭示了企業員工人數與企業人力資源存量之間存在的因果關係,因此許多學者在對人力資源進行實證分析時會採用企業的員工人數作為替代變量。不僅如此,Pantzalis 和 Park (2009) 的模型衡量了不同企業人力資源所創造的相對價值。他們的研究發現,美國上市公司的每股收益水平和人力資源之間存在顯著的負相關關係,也就是說過高的人力資源存量會對企業價值形成侵蝕。

企業投入資金獲得的機器、設備、廠房等有形資源,以資產形式反應在資產負債表中,從而使企業能夠清晰地對資源的成本投入與價值產出進行分析。眾多研究表明,企業進行的投

資和價值產出之間存在著顯著的因果關係。同樣，企業獲取無形資源也需要支付一定的對價，雖然這個對價並不反應在資產負債表中，但卻「隱藏」於職工工資、銷售費用和管理費用等期間費用內，這必然會導致一些報表項目與無形資源之間存在顯著的因果關係。國內外學者的相關研究中也大多選用了職工工資等期間費用來代表無形資源的投入成本。例如，Oliveria 等（2010）通過期間費用來代替無形資源成本的方法，對資產負債表中的無形資產（即可辨認無形資源）與不可辨認的無形資源進行了相關性研究，發現它們之間的聯繫並不顯著。Ante Pulic（1998）構造了智力資本增值系數（VAIC）模型[①]對無形資源與企業資本市場表現之間的關係進行研究。之后該模型被許多學者進行過多次應用（Firer, Williams, 2003；Tan, et al., 2007）。

由於選用期間費用作為無形資源的替代變量會影響研究結論的準確性，因此在現有的相關研究成果（Villalonga, 2003；Pantzalis, Park, 2009；Yu, Padgett, 2012）中，學術界對無形資源所創造市場價值的研究主要採用比較分析的研究方法，例如同行業內不同企業之間的比較與不同行業之間的比較。這主要是基於兩方面的原因：首先，不同企業的具體情況存在差異，如果對企業之間的無形資源存量直接進行比較則會出現較大的偏差，而且研究結論很可能無效；其次，企業每個會計期間無形資源的投資額和期初存量水平並不能直接獲取，必須通過相關的會計數據來替代。由此所得到的無形資源數據只是相對指標，並不能直接用於橫向比較。

鑒於此，本書也採用比較分析的方法研究無形資源對企業

[①] 智力資本增值系數模型被用於估計企業員工的智力資本和企業結構資本對企業價值的影響，該模型所估計的智力資本增值系數越高，企業的資源利用效率就越高。

市場價值的影響，即首先選出無形資源水平具有一般代表性的企業標準，再比較各企業無形資源與這一標準之間的差異。另外，本書的分析將分為企業和行業兩個層面。進行分層的原因在於：首先，不同行業特點的差異使其所擁有的無形資源也不盡相同，例如，工業製造企業和金融服務業對 IT 技術人員的需求就不一樣，具體表現在無形資源層面也就是人力資源的差異，這也會造成不同行業無形資源的價值創造方式有所區別。其次，行業內的技術工藝、業務結構雖然大體一致，但仍然存在少數企業無形資源使用效率高、創造更多價值的現象，這就會促進企業市場價值的提升。由此可見，不同行業之間比較的目的在於比較行業無形資源價值創造方式的異同，而行業內企業之間比較的目的在於找尋企業市場價值差異的原因。

如果不考慮資源獲取的難易程度，無形資源所創造的價值很大程度上來自於企業對無形資源的利用效率。我們可以先建立一個市場的基準水平，接著通過對具體某家企業（或某個行業）的無形資源所創造的價值與市場基準進行對比，從而得到企業利用無形資源的效率高低。對於三類不同的無形資源，本書定義了行業超額市場價值（Excess Value of IR for Industry，簡稱 ERI）和企業超額市場價值（Excess Value of IR for Firm，簡稱 ERF）兩個概念，用以描述不同行業或企業創造的超額價值。本書的模型借鑑了 Pantzalis 和 Park（2009）、Yin 和 Padgett（2012）等的研究。ERI 的計算分為三個步驟：首先，將每個行業的市場價值總和[①]（即該行業的總市值）與該行業的無形資源投入成本進行對比，從而得到該行業的無形資源效率比（Eff_{mt}）；接著將不同行業的無形資源效率比進行排序，取其中

[①] 市場價值指公司在中國大陸已發行普通股的總市值，是證監會、上交所、深交所統計內地證券市場總流通市值時採用的算法。

位數，並將這一中位數與各行業無形資源投入成本相乘，獲得行業的估算市場價值（Imputed Market Cap$_{mt}$），也就是按照整體市場的平均無形資源投入產出效率所獲得的價值；最后將行業市場價值與行業估算市場價值進行對比，得到行業無形資源超額價值（ERI$_{mt}$）。

$$Eff_{mt} = \text{median}\left(\frac{\sum_{mt} Market\ Cap_{it}}{\sum_{mt} Exp_{it}}\right)$$

$$Imputed\ Market\ Cap_{mt} = Eff_{mt} \times \sum_{mt} Exp_{it}$$

$$ERI_{mt} = \ln\left[\frac{\sum_{mt} Market\ Cap_{it}}{Imputed\ Market\ Cap}\right]$$

企業超額市場價值（ERF）的計算與 ERI 的計算類似，公式如下所示，該公式最后計算得到某特定企業的無形資源投入產出效率。

$$Eff_{it} = \text{median}\left(\frac{Market\ Cap_{it}}{Exp_{it}}\right)$$

$$Imputed\ Market\ Cap_{it} = Eff_{it} \times Exp_{it}$$

$$ERF_{it} = \ln\left[\frac{\sum_{mt} Market\ Cap_{it}}{Imputed\ Market\ Cap}\right]$$

本書將分別以人力資源、組織資源和關係資源帶入上述計算公式中，其帶來的價值增量被分別稱為行業（企業）超額人力資源價值（excess value of human resources for industry or firm）、行業（企業）超額組織資源價值（excess value of organizational resources for industry or firm）和行業（企業）超額關係資源價值（excess value of relationships resources for industry or firm）。在公式計算中，之所以使用中位數是為了排除行業內和行業間的超常規部分，獲得平均的投入產出效率水平，剩餘部分便是特定行業或企業由無形資源所產生的額外價值。這就保證了實證結果

中不會出現異常的因果關係。市場價值與無形資源成本之比代表了無形資源的投入產出比例。

在相關的文獻中，學者一般會選擇員工數量（高素英，等，2011）、員工個人特徵（朱焱，等，2013）或工資（朱平芳，等，2007；李海峥，等，2010）作為人力資源成本的替代變量。本書認為，員工人數與企業規模密切相關，規模較大的企業，由於規模經濟的作用能產出更多的價值，這種規模效應會掩蓋企業所擁有的人力資源與其創造價值之間的關係。因此本書選擇企業公布的現金流量表中「以現金支付的職工薪酬」作為人力資源成本的替代變量。

本書將管理費用作為組織資源成本的替代變量。這是因為從會計角度來看，企業為了獲取組織資源而支付的對價一般都存在於管理費用之中（例如進行組織文化建設等），除非發生根本性的變革（例如流程再造、經營方向的轉移），一個組織在長期發展過程中將保持特定的經營方法和管理模式，所以其市場價值和組織資源之間應該保持一個穩定的比例。另外，考慮到平穩期經營企業的組織資源往往是保持在一個特定水平的，因此它在管理費用中所占比重也應同樣呈現某種比例關係。組織資源還可以解釋規模經濟問題，相對較大的企業之所以能產出更多的價值是因為這些企業投入了更多的成本來獲取組織資源，從而能夠進行更多的價值轉換。最后，本書用銷售費用代替關係資源，這些費用的耗費能夠給企業帶來聲譽、顧客忠誠度等與關係資源密切相關的項目。

多變量迴歸分析主要在企業層面，將分別使用不同的無形資源投入水平和控制標量與年度市場價值增長率進行迴歸：

$$MVG = a + b \times GFRF_n + control$$

現有的研究文獻中，企業規模、帳面與市值比、風險因素、市盈率、現金流量價格比等指標都被認為與企業市值之間存在

關聯（Lakonishok, et al., 1994）。不過對這些指標的研究結論卻存在較大差異：有的學者發現企業規模和帳面市值比在成熟資本市場中並不會對企業市值產生顯著影響，但在亞洲資本市場中卻顯得尤為重要（Shum, et al., 2005）；有的學者認為使用傳統風險因素的套利定價模型無法對中國股票市場中的股價進行評估（Yang, et al., 2010）。本書在多變量迴歸中也會引入企業規模、β 值和帳面市值比等指標作為控制變量，來考察相關的迴歸結果是否與以往的類似研究相符。值得強調的是，由於許多關於中國資本市場的實證研究採用的是1999—2003年的相關數據，因此會由於資本市場的不成熟和會計信息的低質量影響研究結論。本書所選取的時間區間相對較長，因此資本市場的發展更趨完善，新會計準則也逐步開始應用，因此能夠避免會計信息質量產生的負面影響。

變量定義如表4-1所示。

表4-1　　　　　　　　　　變量定義

變量類型	變量名	變量定義
因變量	Mvg	企業(行業)第 $t+1$ 年市場價值的增長率
自變量	人力資源　Hr	企業(行業) t 年年末的人力資源存量
	組織資源　Or	企業(行業) t 年年末的組織資源存量
	關係資源　Rr	企業(行業) t 年年末的關係資源存量
控制變量	$Beta$ 系數　$Beta$	企業(行業) $Beta$ 系數
	企業規模　$Size$	企業(行業) t 年年末規模,取企業總資產的自然對數
	帳面市價比　PB	企業 t 年年末的市場價值與帳面價值之比

4.2　描述性統計

本書選擇上海證券交易所和深圳證券交易所交易的 A 股上市公司數據作為研究對象，本書提取了上市公司 2005—2013 年年報中公布的工資薪酬、管理費用、銷售費用和股票收益水平等數據。另外，本書選取了帳面/市場價值比、行業（企業）規模和每年的 β 值等作為控制變量。在選取的數據中，由於金融行業的財務報表項目及結構與其他行業存在較大的差異，因此本書根據類似文獻的做法剔除了金融行業上市公司的數據。最後，排除了數據缺失樣本之後，模型研究樣本有 17 個行業和 1,080 家上市公司，在行業迴歸模型中，有 136 個樣本，而公司迴歸模型中有 8,640 個樣本，相關的行業分類採用中國證監會 2012 年的行業分類標準對樣本企業進行分類。本書的研究數據來自於 wind 數據庫。證監會 2012 年行業分類如表 4-2 所示。

表 4-2　證監會 2012 年行業分類一覽（不含金融業）

序號	大類行業名稱 （行業分析）	上市公司數量 （企業分析）
1	採礦業	27
2	電力、熱力、燃氣及水生產和供應業	38
3	房地產業	99
4	建築業	20
5	交通運輸、倉儲和郵政業	26
6	教育	0
7	科學研究和技術服務業	0
8	農、林、牧、漁業	14

表4-2(續)

序號	大類行業名稱 (行業分析)	上市公司數量 (企業分析)
9	批發和零售業	111
10	水利、環境和公共設施管理業	10
11	衛生和社會工作	0
12	文化、體育和娛樂業	6
13	信息傳輸、軟件和信息技術服務業	23
14	製造業	684
15	住宿和餐飲業	3
16	綜合	12
17	租賃和商務服務業	7
	合計	1,080

表4-3和表4-4是根據前文所描述的行業超額市場價值和企業超額市場價值公式所計算的數據和模型中需要使用變量的描述性統計。

表4-5和表4-6分別是行業層面與企業層面模型中所選用變量的相關係數矩陣。

從兩個不同層面來看，行業無形資源與企業無形資源存在著不同的作用原理，例如人力資源、組織資源和關係資源在行業層面的關聯度要遠高於在企業層面的關聯度，這也充分說明人們需要在行業層面與企業層面分別對無形資源的價值創造問題進行研究。從整個行業的角度來看，對企業價值創造至關重要的無形資源之間存在著緊密聯繫。

表 4-3　行業層面相關變量描述性統計

項目	人力資源	組織資源	關係資源	市值增長	Beta	規模	市價帳面比
平均值	0.039,218	0.006,66	0.531,617	0.648,676	1.027,52	25.055,7	0.989,348
中位數	0	0	0	0.227,295	1.010,126	25.640,17	0.611,464
標準差	0.851,858	0.699,283	0.705,84	1.468,766	0.178,442	2.843,557	0.973,288
最小值	−2.797,33	−2.576,92	−3.015,41	−0.712,76	0.234,174	17.020,74	0.038,95
最大值	4.286,639	2.954,233	2.273,333	9.576,651	1.514,56	30.182,89	7.023,407
樣本數量	136	136	136	136	136	136	136

表 4-4　企業層面相關變量描述性統計

項目	人力資源	組織資源	關係資源	市值增長	Beta	規模	市價帳面比
平均值	0.069,297	0.084,508	0.596,672	0.458,149	1.063,38	21.686,36	1.274,642
中位數	0	0	0	0.132,932	1.090,821	21.599,71	0.702,271
標準差	0.808,83	0.691,017	1.346,015	1.761,827	0.299,96	1.220,827	4.142,997
最小值	−3.127,63	−3.566,57	−3.950,42	−0.850,27	−1.246,65	14.108,22	−1.205,71
最大值	4.377,784	2.881,532	11.442,05	119.442,9	2.180,58	26.973,93	348.572,7
樣本數量	1,080	1,080	1,080	1,080	1,080	1,080	1,080

表 4-5　行業層面變量相關係數矩陣

	人力資源	組織資源	關係資源	市值增長	Beta	規模	市價帳面比
人力資源	1						
組織資源	0.923,1	1					
關係資源	0.914,7	0.960,9	1				
市值增長	0.260,6	0.281,9	0.305,2	1			
Beta	0.047,6	-0.017,9	0.063,3	0.114	1		
規模	-0.103	-0.036	-0.038,7	0.134	0.205,5	1	
市價帳面比	0.140,8	0.123,3	0.060,4	-0.101,9	0.045,6	0.124,8	1

表 4-6　企業層面變量相關係數矩陣

	人力資源	組織資源	關係資源	市值增長	Beta	規模	市價帳面比
人力資源	1						
組織資源	0.750,9	1					
關係資源	0.501,2	0.46	1				
市值增長	0.026,1	0.040,2	0.017,6	1			
Beta	-0.081,1	-0.019	0.000,6	0.118,9	1		
規模	-0.189,6	-0.054,3	-0.096,3	0.126,1	0.264,1	1	
市價帳面比	0.095,2	0.063,7	0.083,5	-0.120,5	-0.086,9	-0.156,9	1

4.3 迴歸分析結果

4.3.1 行業層面的迴歸分析及檢驗

行業層面的研究使用的是面板最小二乘法進行迴歸分析，使用行業的年度市場價值增長率（Market Value Growth，簡稱 MVG）對行業的無形資源投入水平和相關控制變量進行迴歸，迴歸結果如表4-7所示。

表4-7 　　　　　　行業層面多變量迴歸結果

Intercept	HRI	ORI	RRI	Beta	Size	PB	$Adj\text{-}R^2$	F-stat
-2,885.9*** (-2.36)				0.728,7 (1.01)	0.054,4 (1.19)	0.127,8 (0.98)	0.032,8	1.49 [0.219,3]
-3,157.5*** (-11.77)	0.458,1*** (3.14)			0.578,7 (0.83)	0.073,1* (1.64)	0.065,8 (0.52)	0.073,2	3.67*** [0.007,3]
-3,040.0** (-2.58)		0.592,1*** (3.39)		0.760,4 (1.10)	0.061,5 (1.40)	0.072,5 (0.57)	0.083,7	4.08*** [0.003,8]
-2,577.7** (-2.2)			0.628,2*** (3.67)	0.547,3 (0.79)	0.064,0 (1.47)	0.098,3 (0.432)	0.096,2	4.59*** [0.001,7]

註：***、**、* 表示估計系數在1%、5%、10%水平下顯著，括號內數值為對應系數的 t 統計量。

迴歸結果中，企業的無形資源存量與行業市值的增長之間存在顯著的因果關係，不過迴歸模型中的控制變量大多不顯著。將行業市值的增長率對控制變量進行迴歸，迴歸結果中除了常數項系數顯著外，Beta 值、行業規模和市價帳面價值之比同樣不顯著，同時 F 統計量亦不顯著，調整可決系數很低。

可見，本書所選擇的風險因素、行業規模等控制變量並沒有對行業的市場價值產生影響。對於不同行業而言，決定其市值的主要因素與行業本身的特點有關，而與風險水平、行業規

模、市價帳面價值比等通用指標並沒有較多相關性。

鑒於此，本書對行業層面的迴歸模型進行了修正，剔除了各控制變量，僅通過市場價值增長率對無形資源存量進行單變量迴歸，迴歸模型如下。迴歸結果如表4-8所示。

$$MVG = a + b \times GFRI_n$$

表4-8　　　　　　　　行業層面單變量迴歸結果

Intercept	HRI	ORI	RRI	Adj-R^2	F-stat
-0.666,3*** (-5.45)	0.449,3*** (3.12)			0.06	9.76*** [0.002,2]
-0.644,7*** (-5.32)		0.592,1*** (3.40)		0.07	11.57*** [0.000,9]
-0.311,0** (-2.06)			0.171,2*** (3.71)	0.09	13.77*** [0.000,3]

註：***、**、*表示估計系數在1%、5%、10%水平下顯著，括號內數值為對應系數的t統計量。

表4-8是行業無形資源與相應的市值增長率的迴歸結果，與多變量化模型相比，單變量行業模型所估計的各參數及擬合程度要優於多變量模型。從模型的擬合程度來看，行業模型的調整可決系數甚至有所提高。

行業層面兩個迴歸模型的迴歸結果說明，在行業層面對市場價值產生影響的因素相對較少，無形資源起到了較大的影響作用。行業無形資源的價值效用大與投資者的投資行為也具有一定的關聯。一般投資者在進行股票投資之前，都會先進行行業分析、選擇熱門行業來投資，他們判斷熱門行業的依據之一便是行業的無形資源。熱門行業獲得了較多的資金投入必然會導致行業整體市值提高，這就使行業市場價值與行業無形資源產生了因果聯繫。

由於本書所採用的迴歸方法是混合迴歸法，因此需要對模型進行固定/隨機效應的檢驗，同時為了進一步檢驗數據的穩健性，本書選取了 2006—2008 年這一時間跨度的數據進行面板固定/隨機效應分析。首先對模型進行豪斯曼檢驗（Hausman specification test），可以發現該模型適合使用固定效應模型。接著從固定效應與雙向（時間）固定效應兩個方面進行檢驗，以確定無形資源相關要素在股市動盪的時期裡對行業市場價值的影響是否顯著。表 4-9 是行業模型穩健性檢驗的結果。綜合這些檢驗結果來看，行業單變量迴歸模型的結論是比較穩健的。

表 4-9　2006—2008 年行業無形資源與市場價值增長率的迴歸（穩健性測試）

Intercept	HRF	ORF	RRF	$Adj-R^2$	F-stat
混合迴歸					
$-1.246,0^{***}$ (−4.39)	$1.071,7^{***}$ (3.16)			0.152,2	9.98^{***} [0.002,7]
$-1.309,6^{***}$ (−4.83)		$1.471,5^{***}$ (3.94)		0.225,3	15.54^{***} [0.000,3]
$-0.463,4$ (−1.36)			$1.462,0^{***}$ (3.92)	0.176,8	15.38^{***} [0.000,3]
固定效應迴歸					
$-1.147,7^{***}$ (−32.50)	$4.414,3^{***}$ (3.67)			0.371,3	13.50^{***} [0.002,1]
$-1.373,0^{***}$ (−60.64)		$4.366,1^{***}$ (4.22)		0.409,8	17.79^{***} [0.000,7]
$1.069,8^{*}$ (1.61)			$4.215,7^{***}$ (3.52)	0.394,5	12.41^{***} [0.002,8]

表4-9(續)

Intercept	HRF	ORF	RRF	$Adj-R^2$	F-stat
雙向（時間）固定效應迴歸					
-2.398,5*** (-15.18)	4.134,4*** (4.81)			0.806,3	119.13*** [0.000,0]
-2.340,1*** (-12.26)		3.860,1*** (4.77)		0.779,9	88.77*** [0.000,0]
-0.647,5 (-1.51)			3.860,1*** (4.77)	0.630,3	366.62*** [0.000,0]

註：***、**、*表示估計系數在1%、5%、10%水平下顯著，括號內數值為對應系數的 t 統計量。

4.3.2 企業層面的迴歸分析及檢驗

表4-10是對企業無形資源存量和市值增長率之間進行的多變量迴歸結果。

表4-10　　多變量迴歸結果——企業層面

Intercept	HRF	ORF	RRF	Beta	Size	PB	$Adj-R^2$	F-stat
-4.019,4*** (-11.77)				0.512,3*** (7.94)	0.126,3*** (7.90)	-0.042,2*** (-9.24)	0.033,0	99.33*** [0.000,0]
-4.019,4*** (-11.77)	0.134,4*** (5.72)			0.523,2*** (8.12)	0.141,6*** (8.75)	-0.043,9*** (-9.62)	0.036,6	82.95*** [0.000,0]
-3.750,9*** (-11.13)		0.135,6*** (5.02)		0.513,0*** (7.96)	0.129,8*** (8.12)	-0.043,4*** (-9.52)	0.035,7	81.01*** [0.000,0]
-3.809,2*** (-11.23)			0.045,5*** (3.26)	0.505,8*** (7.84)	0.131,0*** (8.17)	-0.043,2*** (-9.46)	0.034,5	77.25*** [0.000,0]

註：***、**、*表示估計系數在1%、5%、10%水平下顯著，括號內數值為對應系數的 t 統計量。

從多變量迴歸的結果來看，隨著無形資源相關變量的加入，

模型的調整可決系數在不斷提高，這說明無形資源能夠加強傳統資產定價模型的解釋力。

與行業模型類似，本書對企業模型進行了穩健性測試，採用的方法是首先進行固定效應的檢驗，同時本書選取了2008—2009年這一時間跨度的數據進行面板固定效應分析。對模型進行豪斯曼檢驗（Hausman specification test），可以發現該模型適合使用固定效應模型。從固定效應與雙向（時間）固定效應兩個方面進行檢驗，以確定無形資源相關要素在股市動盪的時期裡對企業價值的影響是否顯著。表4-11是穩健性檢驗的結果。從時間固定效應分析來看，企業無形資源的價值創造效果有所增強，這是因為從時間角度來看，短期能使投資者獲利（即市值增長更快）的企業往往是無形資源的價值轉換效率更高的企業。

表4-11 2008—2009年企業無形資源與市場價值增長率的迴歸（穩健性測試）

Intercept	HRF	ORF	RRF	Beta	Size	PB	Adj-R^2	F-stat
\multicolumn{9}{c}{混合迴歸}							
-4.494,5*** (-9.53)	0.236,3*** (7.36)			0.334,8*** (3.31)	0.163,5*** (7.32)	-0.058,8*** (-17.41)	0.187,0	125.16*** [0.000,0]
-3.964,3*** (-8.51)		0.267,3*** (7.06)		0.292,2*** (2.88)	0.141,5*** (6.41)	-0.059,0*** (-17.44)	0.185,4	123.86*** [0.000,0]
-4.100,3*** (-8.73)			0.100,3*** (5.17)	0.298,5*** (2.92)	0.143,8*** (6.47)	-0.059,1*** (-17.36)	0.176,8	116.92*** [0.000,0]
\multicolumn{9}{c}{固定效應迴歸}							
-65.28*** (-26.03)	1.422,4*** (14.15)			0.309,9* (1.69)	2.967,9*** (25.77)	0.017,9*** (3.85)	0.535,3	309.92*** [0.000,0]
-66.748*** (-27.03)		1.451,0*** (14.91)		0.413,7** (2.28)	3.032,6*** (26.73)	0.020,4*** (4.44)	0.543,3	320.01*** [0.000,0]
-69.876*** (-27.79)			0.982,5*** (12.64)	0.467,2** (2.52)	3.143,2*** (27.16)	0.059,1*** (2.84)	0.520,2	291.59*** [0.000,0]

表4-11(續)

Intercept	HRF	ORF	RRF	Beta	Size	PB	Adj-R^2	F-stat
雙向（時間）固定效應迴歸									
-42.54*** (-17.53)	1.526,2*** (17.73)			0.550,9*** (3.5)	1.890,5*** (16.84)	-0.011,8*** (-2.79)	0.660,9	418.99*** [0.000,0]
-44.32*** (-18.57)		1.537,1*** (18.48)		0.662,7*** (4.27)	1.969,5*** (17.83)	-0.008,9** (-2.13)	0.667,4	431.35*** [0.000,0]
-49.04*** (-19.65)			0.964,3*** (14.13)	0.711,9*** (4.35)	2.155,1*** (18.64)	-0.014,1*** (-3.18)	0.630,3	366.62*** [0.000,0]

註：***、**、*表示估計系數在1%、5%、10%水平下顯著，括號內數值為對應系數的t統計量。

4.4 研究結論

　　本章主要研究企業所投入的無形資源與企業市場價值之間的相關性。根據已有文獻的相關研究，本書構建了一個多變量迴歸模型來衡量不同形式的無形資源對行業及企業層面市場價值的貢獻程度。不過在對行業數據進行迴歸時，我們發現控制變量均不顯著，因此本書重新修正了行業模型，僅對其使用單變量迴歸模型進行分析。本書所設計的行業、企業模型都證明了無形資源能有效提高企業市場價值，模型中所有代表無形資源效率的變量系數均是有效的，不過行業層面的無形資源的影響更加顯著。

5 無形資源價值創造機理研究

上一章驗證了企業市場價值與無形資源之間存在顯著的因果關係，同時市場價值與財務學研究的企業內在價值關係密切：如果市場是強式有效的，那麼企業市場價值就與內在價值相等。根據這一邏輯關係，無形資源對企業的內在價值也存在顯著的影響。

財務學維度的企業內在價值創造過程就是資金轉化為其他資源形態，接著再重新轉化為資金的過程。其中，資金向其他有形資源的轉換相對簡單，只是具體有形資源形式的變化。無形資源的價值轉換過程必須結合其載體進行，因此這種轉換形式更加類似於知識的流動和擴散，這就會使無形資源的價值創造機理顯得十分複雜。

5.1 企業價值網路的形成

對於處在價值網路中的企業來說，其價值創造活動的本質是各種有形資源、無形資源之間的交易、作用和轉換，這些資源與它們之間的互動構成了企業的資源網路系統，反應了企業價值網路的動態演化特徵。也就是說，企業通過價值網路的動

態演化創造價值，而價值網路的動態演化是通過依附於價值網路中的無形資源的相互轉化過程實現的。

企業本身也是一個小型經濟系統，它將各種有形資源和無形資源進行匯集，並通過不同資源之間的持續運動和轉化創造價值。同時企業作為價值網路中的節點，還會與價值網路中其他節點不斷進行資源和信息交換，維持整個網路的動態平衡。知識經濟時代，資源的配置活動已經從企業內部上升到整個企業價值網路層次，即實現了網路化配置。

5.1.1　資源網路化配置與資源網路系統的形成

科技進步和創新活動改變了企業的生命週期及組織架構，同時企業與利益相關者、利益相關者之間的關係也趨於複雜化，企業價值網路的形成正是基於這樣的變化。其特點在於原有的單點式或鏈式的價值形成和創造過程變成了網路化形成方式，價值創造機制中的相互關係也日益繁複。

企業價值網路中，企業與利益相關者的資源交換活動的範圍也得以擴張，傳統的資源交換活動被限定在企業、股東、債權人和顧客等持有的資金和其他有形資源的交換中。而價值網路背景下，無形資源加入交換活動之後也擴大了資源交換的參與者的範圍。以企業和客戶之間的價值交換為例，企業向客戶銷售產品，獲得銷售收入，是其他有形資源轉換為資金；向購買者提供的良好售后技術服務是以人力資源的使用為代價的，而獲得購買者的信賴並促使其向其他人介紹產品后便實現了關係資源的形成；向員工提供系統化的知識學習環境，則是組織資源向人力資源的轉化。價值網路中的任何一個節點都是內生變量以及資源交換與價值創造活動的重要組成部分。

可見，企業和利益相關者通過價值網路進行資源交換，這些資源交換不僅包括有形資源之間的交換，還包括無形資源與

有形資源之間的交換。那些用於交換的資源可以是貨幣、實物商品、服務或者知識、客戶的信息和建議等，因此企業價值網路上的交換並不拘泥於資源的具體形式，只要能提升企業價值的資源交換活動都是有益的。

在價值網路中的各種資源和資源之間的交換活動構成了價值網路內的資源網路。資源網路系統的特點如下：

（1）資源網路系統是一個開放式的動態網路系統

價值網路的形成，使企業與利益相關者之間的資源交換活動呈現開放式和動態化的特點。不同類型的利益相關者向價值網路提供的資源形式也有所區別：如資金和其他有形資源的提供者是股東和債權人，人力資源的提供者是管理層和員工，組織資源的提供者是企業組織本身，關係資源的提供者是員工、客戶、供應商、政府和公眾。企業的資源相關活動，無論是資金的籌集和使用，還是人力資源的獲取和投資，都與開放的利益相關者價值網路有著千絲萬縷的聯繫。另外，作為經濟社會的基本生產單位，眾多企業構成了一個開放式的社會價值網路，其中內嵌有社會資源網路，社會範圍內的資源社會化流動構成了整個社會價值網路的價值創造體系。

從整個社會價值網路來看，資源的流動大致可以分為三個層面：企業內部的資源交換活動、企業內部與外部的資源交換活動以及社會價值網路中的資源交換活動。這三個層面的資源流動的主體是利益相關者與企業，以企業為界限，企業與利益相關者之間的資源交換、資源轉化構成了企業層面資源系統的開放性與動態性；以價值網路為界限，利益相關者與社會環境之間的資源交換、資源轉化構成了價值網路層面資源系統的開放性與動態性。

（2）資源網路系統遠離平衡狀態

企業資源網路中不同類型資源的所有者提供的資源類型、

形式和價值分配要求均不盡不同。例如，企業的股權所有者渴望公司進行高收益、高風險的項目投資，最大限度地提高股東財富；債權人則希望企業保持穩健的經營風格，以獲得長期、穩定的利息支付；作為企業人力資源提供者的管理層和員工則希望企業能夠提供給他們滿意的薪金水平、舒適的工作環境和良好的職業發展前景；企業的客戶和供應商則希望企業能夠持續穩定發展，以求保持長期、穩定的產品供求關係；政府和社會公眾同樣也是企業的利益相關者，只不過其僅存在於潛在層次，他們希望企業能夠參與更多的社會公益活動，降低社會成本。由於這些利益相關者力量對比不同、利益訴求不同，企業在特定的經濟背景和生產環境中只能滿足部分利益相關者的利益訴求，而且滿足程度也是不同的，不可能達到滿足所有利益相關者期望的平衡狀態。

　　另外，不同形式的資源之間也存在著非平衡狀態。技術進步背景下，企業內部更趨柔性化的營運方式使企業能夠獲得經營上較強的適應能力。為了適應動態多變的市場環境，企業對於不同形式資源的安排與配置，一方面不可能保持數量與質量上的平衡，另一方面，安排與配置本身也要與時俱進，不可能一成不變。知識經濟背景下，許多獨立的企業為了抓住和利用稍縱即逝的市場機遇，通過契約形式將企業生產經營流程中的大部分環節進行外包。企業與這些外包企業形成了一個沒有邊界、超越傳統組織構架約束、統一指揮的合弄（halon）組織。這種合弄組織是一個以任務為中心的動態組合，當一次任務完成后，組織就迅速解體，而當新的任務出現后，又會出現一個新的合弄組織。顯然，不同的合弄組織為了完成不同的任務，對資源的安排與配置是動態而不平衡的。

（3）資源網路系統具有非線性作用機制

　　在價值網路中，由於利益相關者類型、利益訴求的不同，

企業各利益相關者形成相互關聯和相互制衡的關係，即非線性關係。而嵌入企業價值網路中的資源網路系統中的資源，無論是同一層次的資金、其他有形資源或無形資源，還是不同層次資金和無形資源的不同形式之間也是相互聯繫、相互制約的。資源之間的互動關係使資源的累加有可能獲得比單項資源創造價值之和更大的新價值，也可能會對價值創造產生負面影響。也就是說，資源網路內複雜的相互作用使得一定條件下資源能夠創造更多價值，各資源子系統之間以及資源系統與價值網路之間產生了協調、同步、默契的非線性相互作用，形成良性循環，推動企業有序化發展。當然，資源系統內同樣也可能產生消極的互動效應，使資源相互制約和抑制，不僅破壞價值創造過程，還會使價值網路出現運行障礙。

5.1.2 資源在價值網路中的運行

資源轉換是指不同價值形式的資源要素通過企業價值網路，在各利益相關者與企業之間以及企業內部進行轉換與耦合。資源轉換的結果表現為資源網路系統的動態演化，不同資源要素之間的轉換和耦合，能夠促進資源網路系統更高層次的演化，實現系統內資源更合理的培育和配置，產生經濟租金，從而創造企業價值。

從內容來看，在價值網路中資源的運行就是資源形式的轉換，它包括資金和其他有形資源之間的轉換，無形資源之間的轉換，資金、其他有形資源與無形資源之間的互換等。

價值網路中不斷運行、轉換的資源形成了資源網路，這一網路系統通過資源轉換實現了系統的開放性特徵。資源網路系統中，有形資源、無形資源以各種資源形式存在，因此資源網路內的活動方式主要是資源形式的改變。這種方式，滿足了系統對資源合理培育和配置的要求。轉換意味著實質性的交換，

表現為輸出與輸入活動的超循環。資源轉換溝通了企業、企業價值網路以及社會經濟環境，確保了企業與企業價值網路的開放性。

前文對經濟社會中的資源活動進行了大致分類，包括企業內部的資源交換活動、企業內外部之間的資源交換活動以及社會價值網路中的資源交換活動。由於社會價值網路中的資源交換活動涉及企業內部運作的內容不多，因此本書主要針對企業內部資源轉換進行研究，並將前兩種類型的資源轉換活動作為研究重點。企業內部的資源轉換，保證了資源子系統之間的開放性，有利於企業的有形資源與無形資源在企業內部的合理培育與配置。企業與企業價值網路之間的資源轉換，不僅保證了企業系統的開放性，還增加了資源的轉換方式。企業價值網路與經濟環境之間的轉換，保證了企業價值網路的開放性，有利於企業價值網路與市場之間的資源流動與交換。

對於企業系統而言，通過與企業價值網路之間的資源轉換活動，可以從中吸收各種資金流、信息流和知識流。這些通過資源轉換進入企業內部的資源要素，再經過企業內部的相互轉換和耦合，對企業系統和資源網路系統的有序化產生貢獻。

無形資源要素與有形資源要素在系統演化中發揮的作用是不同的。第一，從演化時間和壽命長短來看，無形資源形成與演化的時間比資金、其他有形資源長，不過在企業中的壽命週期更長。在當前經濟環境中，隨著籌集方式和籌資渠道趨向的多樣化，資金和其他有形資源如同普通商品一樣，可以在市場上自由獲得。而大多數無形資源的形成是一個漫長的過程，需要通過長期不斷的累積。不過無形資源一旦形成，那麼基於路徑依賴效應，它會對企業產生長期影響。

第二，隨著經濟環境的變化，無形資源在系統演化中發揮的作用越來越大，並對資金、其他有形資源的演化起著引導整

合作用。無形資源相對於資金、其他有形資源而言，具有兩個典型特徵，即非競爭性和網路效應。一方面，大多數無形資源是非競爭性的，從而會呈現邊際收益遞增的狀態，這不同於傳統經濟資源普遍的邊際收益遞減現象，因此無形資源也表現出了更強的規模效應。另一方面，網路效應的基本特徵是：隨著網路節點的不斷增多，節點之間的互動就會呈現日益增長的趨勢。顯然，網路效應可以被視為一種特殊的槓桿效應：放大成功或失敗。因此，無形資源的特徵更適應於資源網路系統發展和演化要求，在系統的演化中發揮主導作用。

第三，無形資源向資金和其他有形資源轉換形成系統的突變，促進系統的更高級演化。這意味著突變的原動力來源於無形資源的自主活動。無形資源能否向資金、其他有形資源轉換，取決於三方面的因素：一是無形資源是否與資源網路系統相適應，二是資源網路系統是否與企業系統相適應，三是資源網路系統是否與企業價值網路相適應。而后兩者又是以第一個因素為基礎的。因此，無形資源與資源網路系統和企業系統的協調性決定了整個資源系統的演化進程。

無形資源在資源網路中的活動是支配整個系統行為的主要變量，其運行方式對於資源網路系統的演化具有重要意義，以無形資源為主導的資源轉換模式是資源網路中轉換活動的主要特徵。

5.2 資源轉換與價值創造過程

資源轉換是指不同價值形式的資源通過企業價值網路，在各利益相關者與企業之間以及企業內部進行轉換與耦合。資源轉換的結果表現為資源網路系統的動態演化，不同資源要素之

間的轉換和耦合,能夠促進資源網路系統更高層次的演化,實現系統內資源更合理的培育和配置,從而創造企業價值。

5.2.1 資金和其他有形資源之間的轉換——現金流與實物流

資金和其他有形資源是傳統意義上的企業資源,它們還可以分為不同的實物和價值形態,如能源、原材料、半成品、產成品、設備、投資資產、債權資產等。財務學所簡化的企業運作流程是本金投入與收益的統一①,這一過程同時也是資金和其他有形資源的價值形式發生轉換的過程。例如工業生產企業投入營運資金、原材料和燃料等,經過員工的初步加工後,原材料和燃料會轉換為半成品,然後再經過特定生產工序的深加工,半成品就被轉換為可以銷售的產成品,產成品一經銷售企業便能獲得銷售資金。與此同時,企業投入的資金和其他有形資源也實現了價值的形式轉換與增值。企業經濟資源不同價值形式之間的轉換,實際上還構成了企業的實物流與現金流,三大企業財務報表可以反應這些變化。

顯然,資金和其他有形資源之間的轉換過程存在以下要點:第一,就企業的生產經營而言,資金和其他有形資源的轉換實質上是實物流與資金流的交錯融合。第二,就轉換過程而言,資金和其他有形資源從一種價值形式向另一種價值形式轉換的過程中,要發生成本費用。第三,資金和其他有形資源之間的轉換邊界清晰,往往是新形式出現的同時伴隨著舊形式的消失。如半成品加工成產成品,則產成品的出現意味著半成品的結束;又如,產成品銷售後變成銷售收入,則產成品流通到市場,而銷售收入則流入企業,並被企業確認。

① 郭復初. 財務通論 [M]. 上海:立信會計出版社,1997:46.

在資金和其他有形資源的轉換過程中，資源會產生價值增值，這也是企業利潤的來源。例如在原材料到半成品的生產環節和半成品到成品的加工環節都會產生價值增值。但是，如果從系統論的角度來看，這種價值增值是以人工成本、製造費用等項目的投入為代價的。經濟社會的所有資源處於一個封閉的系統中，該系統存在類似於能量守恆的資源守恆定律。也就是說，在一個封閉的經濟資源系統中，資源可以從一種形式轉化為另一種形式，也可以從一個載體轉化到另一個載體，但系統內總的資源價值量應當是不變的。從這一點來看，封閉的資源系統是不創造價值的，主要是起著價值從一種資源形式傳遞到另一種資源形式的橋樑作用，即價值傳遞功能。

資金和其他有形資源的轉換過程中所產生的價值增值，實際上是無形資源的投入造成的。在開放的資源系統內，資金和其他有形資源轉換形成實物流與資金流的融合，存在著不可逆特徵。因此，從價值創造的角度來思考資金和其他有形資源的管理對策，似乎存在一個兩難抉擇：一方面企業必須考慮節約費用和投資，即盡可能減少轉換中的耗損；但另一方面「資源守恆定律」又提醒管理者，只有費用和投資的增加，才能促進價值創造。解決這個問題的方法是引入無形資源價值創造的相關思路。通常企業只是關注其資金和其他有形資源的成本和投資問題，但在實際的經營過程中，企業部分成本、費用的支付實際上流向了無形資源，成為無形資源的投入成本，並通過資源之間的轉換形成新的價值。

5.2.2 無形資源之間的轉換

無形資源之間的轉換不易被觀察，長期以來得不到人們的重視。隨著知識經濟時代的來臨，人們開始認識到，企業的競爭不再是傳統的資金和其他有形資源的競爭。有形資源對企業

的價值貢獻能力日益下降，無形資源對企業的價值貢獻則越來越突出，成為企業價值創造的主要驅動因素。瞭解無形資源之間的轉換規律，是研究無形資源價值創造機理的基礎。

從形式來講，無形資源之間的轉換主要是指人力資源、關係資源和組織資源之間的相互轉換。這種轉換與資金和其他有形資源之間轉換的主要區別就是，無形資源之間的轉換沒有清晰的界限，即當一種資源形式轉換為新的資源形式，並不意味著原有資源形式的消失，而是原有資源形式與新的資源形式的結合。因此，無形資源的轉換更多地體現為一種融合和共生。

此外，無形資源具有非競爭性和邊際效益遞增等特徵。因此，隨著企業對無形資源的不斷投入，無形資源的存量也會越來越大，這種持續的投入便成了不斷創造新知識（無形資源）的有效途徑，同時也有利於企業系統與資源系統的協調和向更高層次系統的演化。

由於無形資源主要是知識技能在企業中的體現和運用，無形資源的轉換體現了知識的創造、共享、制度化及一般化的過程，無形資源的轉換過程實質上是知識流的運動過程，體現了知識的流量特徵。因此，我們可以從知識學習的角度出發，將上述不同形式的無形資源轉換分為以下 4 個階段：

第 1 階段是專有知識的創造階段。專有知識的創造階段是以個體或集體原有知識為基礎，個體或集體在企業價值網路內已有的無形資源（人力資源、組織資源、關係資源等）的影響下，針對一些新問題，產生新的解決方案的過程。如果個體或集體必須改變原有價值觀和規程才能產生新的解決方法，那麼這種學習將會產生大量新知識。由於這個階段裡所創造的知識最初只是個體或集體所專有，因此該階段還存在個體知識之間、集體知識之間的學習和交流。例如企業新購入的設備操作難度較大，某技術人員根據自己以往的經驗，經過詳細的研究以及

與其他技術人員討論之后掌握了設備的操作技巧，這就形成了個人的專有知識。

第2階段是知識的外顯化和擴散階段。知識的外顯化是指個體或集體在解決問題過程中產生的大量知識和經驗外顯化或編碼化，以利於知識通過各種溝通渠道在企業內擴散與共享。顯性知識的編碼化比較容易，而隱性知識的編碼化比較困難。同樣，顯性的、編碼化的知識以文件、設計圖、數據庫等為載體，可通過各種信息渠道向企業員工傳播與擴散；而隱性的、不可編碼的知識、價值觀等並不能依靠語言進行共享和擴散，需要通過觀測和效仿才能夠被識別。在知識的外顯化和擴散階段，個體或集體專有的知識開始為組織所掌握，因此該階段的轉換包括個體能力和集體知識之間、個體能力向關係資源、集體知識向關係資源的轉換。

第3階段是知識的制度化階段。知識的制度化階段是指將根植於個體與集體中的知識、技能和精神加以整合成為組織所特有的資源的過程。制度化過程包括顯性制度化和隱性制度化兩個方面。顯性制度化是指個人或集體創造的知識、技能或職業精神以編碼化的形式轉移到企業的流程、系統和標準中去，成為約束和衡量員工行為的規範標準；而隱性制度化是指將個體或集體在完成任務過程中創造的隱性知識或職業精神以只可意會不可言傳的形式轉移到企業的文化子系統中，成為企業文化的一部分。由於知識的制度化即知識的結構化，該階段的轉換包括個體能力向組織資源、集體知識向組織資源、關係資源向組織資源的轉換。

第4階段是制度化知識的運用階段。制度化知識的運用階段是第一輪無形資源轉換的結束，同時，又將成為新一輪無形資源轉換的起點。因此，該階段的轉換內容主要包括組織資源向關係資源、個體能力和集體知識的轉換。

5.2.3　有形資源與無形資源之間的轉換

有形資源與無形資源之間的轉換包括兩個方面：一是資金和其他有形資源轉換為無形資源，這實質上是對無形資源的投資；二是無形資源轉換為有形資源，尤其是資金，這實質上是資源價值的實現過程，也可以視作資源系統演化的突變，對於企業的價值創造至關重要。

（1）轉換關係的內涵

現代企業的發展不僅需要資金的參與，而且對人力資源、組織資源和關係資源等無形資源的依賴也越來越多。企業的競爭優勢已不再體現在有形資源的數量、質量之上，而更多地表現在以知識、技術等為核心的無形資源的競爭力上。與有形資源類似，無形資源運用於價值創造過程中同樣會發生消耗，因此企業需要在價值網路系統內進行投資和累積。第一，無形資源是分散在企業不同層次上以人力資源等為代表的知識、技能的集中體現，而知識的基本特徵是容易因技術、經濟和社會環境的改變而變化，因此企業必須通過持續的投資來維持企業無形資源的存量水平，否則極易出現「知識貶值」「資源貶值」的現象。第二，隨著市場環境與行業的生命週期變化，企業所面臨的市場競爭往往會愈加激烈，這種競爭機制在一定程度上能夠改變企業價值網路的結構，並使企業在價值網路中的地位發生變化，而企業原有的組織結構和管理流程將無法適應變化的需求。因此，企業需要對無形資源進行持續的投資來消除環境變化的衝擊。第三，企業價值網路系統、資源網路系統和企業系統都是開放的自組織系統，無形資源在運動過程中，會通過輸出行為發生損耗，而核心資源也會通過網路的共享而發生轉移。因此，企業需要通過對核心資源的投資來實現企業組織在企業價值網路中新的定位目標。

有形資源轉換為無形資源的方式有很多。例如，企業投入一定成本進行員工培訓，就是資金直接轉換為人力資源；企業向非政府組織（NGO）或公益組織捐獻設備，是其他有形資源轉換為關係資源；企業投入成本加強企業文化建設、對企業精神進行對外宣傳等活動，就包含了資金等有形資源轉換為關係資源和組織資源。總之，為了維持戰略地位，企業需要加強對無形資源的持續投資。而這些投資行為需要企業付出一定的成本，這種成本是通過有形資源向無形資源的轉換來體現的。

（2）無形資源向有形資源的轉換：資源子系統的「突變」

無形資源向有形資源的轉換是資源系統演化的「突變」。無形資源向有形資源的轉換過程並沒有使無形資源子系統受到破壞，而同時增加了有形資源的存量，這與財務資源系統的投資與收益存在一定的差異。對於整個資源系統而言，無形資源轉換為有形資源是系統的突變，對於系統的演化具有重大意義，對於企業的價值創造也至關重要。

無形資源轉換為有形資源，具體有兩種表現方式：一種是無形資源不通過其他有形資源的轉換，而直接轉換為資金，使其價值得到實現，例如專利的轉讓、新型技術[①]的出讓等。這種轉換過程還包括無形資源直接以服務的形式轉換為資金，例如醫院、律師事務所等服務型企業通過專有技術人才的服務，將人力資源轉換為資金。另一種是無形資源通過向其他有形資源轉換，其使用價值得到體現後，它的價值在其他有形資源的交換中得到實現。例如某項新技術開始使用，會增加企業的收益，而產值的增加中就包含了人力資源中技術因素的價值實現。又如，企業引進了一套國外先進的設計軟件，僅有極少數設計人員會操作。不過，由於企業在組織文化建設中一直關注員工之

---

① 這裡的專利權和技術並不是以無形資產形式存在的資源。

間的相互學習並鼓勵合作創新，企業內部學習氛圍十分融洽，幾名會操作軟件的員工每天利用休息時間對其他設計人員進行培訓，使這些員工很快地掌握了軟件操作方法，極大地提高了設計工作效率和質量，設計部門在該軟件的學習和使用過程中也更加團結。可見，企業組織文化（組織資源）能夠幫助有形資源更快地融入價值循環、創造體系中，從而提高企業的生產力水平，並帶來企業產值的增加，同時企業的組織資源也得到了提升。

對企業而言，無形資源直接轉換為資金的這一轉換方式能夠在一定程度上衡量企業無形資源的產出價值。不過，在企業的日常生產經營中，第二種形式的轉換更為常見，不過卻難以體現無形資源的產出效果。因為無形資源的使用價值在沒有得到體現以前，其價值的實現是不徹底的。而且，無形資源第二種形式的轉換，也具有高儲備效應和高回報率兩大效果。高儲備效應是由無形資源創造的、為將來企業發展需要進行的有效儲備。例如，專利儲備的增加、市場佔有率的擴大等都是企業進一步發展所不可缺少的，它代表了企業的潛力，是競爭力的真正源泉。高回報率是無形資源通過轉換為有形資源或通過服務實現使用價值，可以實現無形資源子系統、其他有形資源子系統、資金子系統之間的耦合效應，滿足資源動態配置的目的，其創造的價值要比無形資源直接轉換創造的價值要高。

事實上，由於無形資源與有形資源的項目眾多，無形資源項目之間的交換、有形資源項目之間的轉換以及無形資源與有形資源項目之間的互換，在企業的資源活動中是融合在一起的。這三種不同的轉換可能在同一個時點上並存，也可能在不同時間段上相繼發生，相互之間起著促進或阻礙作用。比如，企業員工的個人知識和技能是否可以通過對某個技術項目的開發來獲取更具優勢的生產能力，有時就依賴於他與項目組成員的關

係是否能夠形成很好的合作制度。這些轉換與轉換之間能否產生相互促進的「好影響」，關鍵在於不同的轉換之間是否相互協調。

5.3 資源轉換的價值創造機制及其影響因素

資源轉換是不同資源要素的動態流動，其結果促進了資源網路系統的發展以及向更高層次進行演化。而資源網路系統高層次的演化使資源網路系統對於資源的培育與配置更合理，更具有管理柔性，促進企業通過恰當選擇資源、動態培育資源、優化組合資源來創造李嘉圖租金、熊彼特租金、關係租金等各種經濟租金，即創造價值。

企業的有形資源實際上處於一個封閉系統中，從資源的流動和轉換來看資源總量是不變的，這種不變的資源總量類似於物理學中的能量守恒。封閉的有形資源系統並不創造新價值，它只是具有使價值從一種資源形式傳遞到另一種資源形式的功能，即價值傳遞功能。但是，在開放的資源網路系統內，引入無形資源的投入後，通過無形資源向有形資源的轉換，就會形成價值創造。

企業資源網路系統首先通過資源識別機制在價值網路上對資源進行識別和選取，特別是對企業價值網路和環境中資源（資源）進行認識和分析，導致李嘉圖租金的產生，它所涉及的資源轉換活動主要是價值網路以及價值網路與環境之間的資源轉換活動。其次，資源還需要進行動態引入，否則無法進入企業為其所用。對於企業而言，這種動態的引入過程也是將不同類型資源進行組合的過程，涉及溝通企業內外部的資源轉換活動，並產生關係租金。最后，企業隨著核心資源尤其是無形資

源的引入，通過能力構築機制在企業系統內部進行自主的培育配置，涉及的資源轉換主要是無形資源在企業內部的轉換活動。而以知識為核心的無形資源又是企業創新的原動力，會給企業帶來熊彼特租金。

5.3.1 李嘉圖租金

傳統的資源識別強調的是企業對資源的外在選擇，資源轉換機制下的資源識別則來源於企業系統對該種資源的需求，而企業對某種資源的需求程度受到資源系統對該種資源信息分析的影響。如果關於這種資源的用途信息與資源系統中資源要素存量的邏輯結構相協調，並與企業生產目標相一致時，資源系統就會傳遞「好資源」的信息；反之，則可能被認為是不太好的。

資源系統是一個開放的網路系統，資源轉換發揮了企業系統對資源的自動識別功能。因此，與資源市場上的其他參與者相比，企業能夠具有對資源價值更準確的預測技能，選取對系統優化有利的資源，並最終獲得李嘉圖租金。

5.3.2 熊彼特租金

資源轉換活動不僅包括對外在資源（資源）的選取和識別活動，還包括對內在資源的識別或引入資源的動態培育活動。

由於有形資源轉換過程可控性強，可以通過人為安排，如拓寬籌資渠道，選擇適宜的籌資方式和籌資結構、價值分配比例、有形資源的生產經營方式等來實現。但是，對於無形資源而言，由於自身的無形性、難以計量等特徵，直接通過市場的培育配置活動受到限制，而且外在性培育配置活動出現失誤的可能性也較大。因此，通過資源轉換活動來進行無形資源在系統內的培育配置活動，顯然更為適宜。通過資源轉換，培育配

置與企業發展相適應、相協調的無形資源要素，顯示了資源系統較強的資源配置能力，這種能力是與獨特的企業系統相適應的，對企業的創新活動具有重要意義，會為企業創造熊彼特租金。

例如，關係資源可以通過人力資源轉換而來，組織資源也可以通過關係資源轉換而來，個體人力資源也可以轉換為集體人力資源等。上述資源轉換活動主要體現在企業內部，企業的特徵和企業層面資源系統的特徵會影響培育過程和培育方向。比如，以技術技能為主的高科技企業，其無形資源的轉換會強調以人力資源為主的培育活動；現代製造企業則會強調能夠長期影響企業組織資源的培育活動等。反過來，資源系統自主培育配置的無形資源也具有企業的烙印，使競爭對手難以模仿和複製。

顯然，無形資源的培育依賴於資源系統的資源轉換。例如，企業與重要的利益相關者如客戶交往形成合作關係，這種新獲取的關係資源在價值創造過程中會與組織成員產生互動並出現交集，並促進組織成員獲得與新資源相關的信息。員工對某種資源的評價，尤其是對其「問題與機會」的看法會累積在員工頭腦中。隨著資源的使用頻率提高，組織成員會逐漸獲取與之相關的知識、技術和經驗，並形成在實踐中「怎樣做」的方法，這就成為員工個人的人力資源。具體來說，企業客服部門員工對處理客戶投訴事件經驗的增加，不但能夠提高顧客的滿意度，還能提升員工自身應對各種突發質量投訴的能力。這樣就增加了企業的關係資源和員工自身的人力資源。同樣，如果企業內部存在利於員工私下或公共交流的平臺，這種隸屬於個人的人力資源（個體能力）也很容易轉換為集體的人力資源（群體知識）。當然，這種集體的人力資源又是借助於企業文化、企業組織結構等平臺形成的，必然也包含了部分組織資源轉換成為集

體人力資源的內容。

上述資源系統自主演化形成的對無形資源的培育和配置效率取決於以下三方面因素：

一是企業無形資源的初期存量。初期存量會通過路徑依賴影響無形資源後來的轉換活動。因為無形資源轉換的本質是一種融合和共生，隨著資源轉換活動的反覆進行，無形資源的存量也會越來越豐富，而這又會作為新的初期存量影響下一輪的轉換。例如，企業初創期招聘的高素質員工能夠幫助企業集聚更多的無形資源。

二是資源轉換活動的驅動因素，即轉換方式、轉換速度、轉換渠道暢通程度等，也就是轉換的有效性問題。而轉換的有效性又依賴於資源系統與企業系統的協調性。協調性越高，資源系統越能夠明確企業系統的發展方向，其培育的無形資源也越符合企業的需要。例如，特定的企業組織結構能夠及時對客戶反饋信息進行處理，並根據反饋調整企業組織結構和人員配置，這樣就提高了企業無形資源的存量。

三是無形資源企業化的程度。無形資源之間轉換的本質是知識流動形成的知識網路，而知識的演化又趨向於將根植於個體與集體中的知識、技能和精神加以整合成為組織所特有的資源，這就是無形資源的企業化。作為組織所特有的無形資源，也將具有明顯的優勢，如穩定性、不易流失、不易被模仿或複製、收益不確定性降低等。但企業化的無形資源是一把「雙刃劍」，在企業系統充滿彈性、富有活力、適應經濟環境需要時，能夠發揮出優勢；反之，則成為企業僵化的根源。

5.3.3 關係租金

關係租金的形成與維持依賴於以下幾個方面：一是企業內部組織成員間頻繁的相互作用；二是企業之間對起到互補作用

的資源的投資；三是企業對外部環境的適應性；四是企業組織間知識信息的共享。顯然，隨著企業與外部利益相關者之間的互動和交流越來越頻繁，企業價值創造也更多地依賴於企業價值網路時，企業優化資源組合的範圍也從企業內部拓展到企業外部的價值網路。例如，中國計劃經濟時期乃至改革開放初期的生產企業，往往只關注生產計劃的保質保量完成，而不去瞭解上遊供應商供給、客戶需求的變化等，沒有對關係資源進行有效整合，必然會導致企業適應環境能力差、競爭力下降。

關係租金的產生是價值網路內對資源要素進行動態優化組合的結果。它具有以下特點：

首先，依賴於有效性關係的建立。有效性關係與無效性關係的區分，可以通過以下方式進行，即判斷關係的建立是否有助於形成新的資源組合，以及資源組合是否為有效或適合的組合。例如，企業聯盟的形成是否能夠帶來品牌效應的提升、生產效率的提高等。

其次，依賴於不同資源的互補關係。對於長期或戰略性合作而言，合作關係的產生大都來源於雙方資源的互補關係。對於價值網路而言，利益相關者們所擁有的資源的價值創造能力取決於資源在組合、交互作用後是否能夠形成新的持續性競爭優勢。

最后，租金的獲取需要付出成本。資源轉換在創造關係租金時，溝通了企業外的利益相關者與企業內部系統的聯繫，將資源的培育配置範圍從企業系統內部拓展到價值網路上，通過動態的資源轉換活動將價值網路上的適宜資源引入企業內部。因為動態的資源轉換活動本質上是輸出輸入活動的統一，輸入活動是以輸出活動作為前提和成本的，這種成本表現為對互補性資產的投資成本、知識的共享傳遞成本、關係規制的構建成本等。

5.4　本章小結

　　以知識要素為基礎的生產和競爭環境促進了企業價值網路的形成，價值形成和創造機制也因無形資源的出現而發生了變化，企業價值實際上已經成為包含多重價值屬性的價值網路。企業的價值創造模式受到企業價值網路中個體、群體、組織、組織間的利益相關者的互動關係的影響。在企業價值網路中企業與利益相關者的價值活動範圍也得以擴張，這主要體現在資源交換關係上。價值網路拉近了不同利益相關者之間的聯繫，其聯繫紐帶正是不同類型的無形資源及其交互關係。在以無形資源為關鍵資源的價值創造體系中，無形資源在資源網路系統中的動態轉換及不同資源要素之間的轉換和耦合，創造了代表新價值的經濟租金並實現了資源的合理配置。

6 無形資源獲取戰略研究

　　作為一種戰略資源，無形資源對企業的長期生存、發展具有重要的意義，然而企業組織所擁有的任何無形資源都需要經過長期的投資、經營和累積。即使從外部購入的無形資源，也同樣需要對其進行后續投資，使其能夠和企業的價值創造過程匹配、耦合，並且保持價值創造的潛力。例如，企業為了進行某項技術攻關，專門支付高薪聘請具有豐富相關經驗的研究人員。為了使研究人員充分瞭解企業生產管理流程對這項技術的要求，企業還需要投入一定的成本對研究人員進行培訓，使其完全瞭解企業的生產流程。因此，企業組織必須根據外部環境和自身所處的價值網路的特點制定相應的無形資源綜合戰略目標，並依靠企業組織自身及價值網路的能力將其付諸實施，以保證企業各層次經營管理目標的落實，從而形成具有持續性、強有力的無形資源，保證無形資源價值創造的有效性。

　　值得強調的是，無形資源的獲取過程並不是一個孤立的過程，它有時會與無形資源的利用等其他過程重疊。例如，企業的管理層員工履行管理層職責的過程是對人力資源的利用，同時這些員工在工作崗位上不斷累積工作經驗和獲取新的知識也幫助他們更好地組建內部團隊、激勵普通員工的士氣、與新客戶建立業務關係等，這實際上就為企業獲取了組織資源和關係

資源。因此，無形資源的獲取戰略在一定條件下等價於無形資源的利用戰略，這兩種戰略是密不可分的。

6.1　無形資源獲取的戰略規劃

　　無形資源獲取戰略的規劃一般分為以下幾個階段：第一階段是對無形資源的識別和報告，即對組織內部資源與核心能力的認識。這是無形資源獲取戰略規劃的基礎。第二階段主要是對人力資源的獲取和初步利用，以及對組織結構、決策體系、程序和流程的協調。其中包括人員的教育培訓、外部人才的引進、組織各項流程的改善和制度的完善、IT投資、組織文化和戰略的形成等。之所以強調與組織結構、內部流程的協調，是因為這樣能夠提高人力資源和組織資源的利用率。第三階段是對人力資源的進一步利用和人力資源向組織資源、關係資源的轉化。企業在不斷利用人力資源創造價值的同時，團隊流程和程序、組織價值觀和企業文化、企業對外部環境的適應力均處於累積和形成的過程中，這實際上也就形成了新的無形資源。第四階段是企業與外部利益相關者關係的建立階段，以期在更廣泛的社會關係網中形成企業的價值網路優勢。

　　企業需要將無形資源整體戰略進行分解，但不應割裂人力資源、組織資源和關係資源這三方面的關係，分別地進行戰略規劃。這是因為企業價值創造能力是由三項具體的無形資源及其之間的關係決定的。無形資源的價值創造過程需要人力資源、組織資源和關係資源相互結合，並不是將無形資源的價值創造視作三種資源的簡單加總。無形資源的價值創造過程包括三種資源相互重疊和交互作用的區域，涵蓋了個體與群體、組織與組織之間的多個價值網路層次。總的來看，無形資源是企業一

定時期內知識、技術、經驗、信息等的累積，而價值創造過程則是通過各種資源之間的聯繫、轉換實現的，即通過知識、技術的流動和組合形成價值的轉化和創造過程。顯然，知識在企業價值創造過程中的轉化效率和效益雖然部分取決於知識和信息等資源的投入，但是更主要的是企業知識協調和整合系統的結構。

三種結構化的資源起到了內外信息傳播和知識轉化的中樞作用。在價值網路結構化的資源中，組織資源是企業可以直接控制並進行戰略配置的基礎資源，是連接其他資源並促成資源轉換的重要樞紐。企業在進行組織資源的戰略規劃時，必須獲取三種類型的信息。第一是組織成員在最適合其發揮的崗位工作的相關信息，它包括三層含義：企業知道一項任務需要何種經驗和技能；企業知道一個組織成員具備何種經驗和技能；企業知道哪個組織成員和這項任務最匹配。這類信息包括關於組織成員特點的信息以及關於工作特點的信息，它使得企業可以在員工和工作之間進行有效的組合，並安排合適的組織成員來更好地完成工作。第二是將組織成員搭配成高效率工作團隊所需要的信息，被用於將不同的雇員組合成最有效率的工作小組。第一和第二種信息的作用使企業內部被細分的各工作小組能夠實現最高效率的價值創造活動，因為工作小組的整體表現很大程度上取決於組織成員個人的特點和其他從事相關工作組織成員的匹配程度。第三是每個組織成員所獲得的關於其他組織成員和組織本身的信息，它體現在個別組織成員身上的企業特有信息，被稱作「由組織成員體現的信息」，這也可以視為企業文化的某種表現。當組織成員在經過早期磨合，逐漸融入企業的經營管理價值創造體系後，往往會被打上企業的「烙印」，即會獲得這種信息。總之，通過收集適當的信息和進行合理的規劃，組織資源便能將企業的人力資源有機整合起來，為內部資源整

合提供平臺。

　　同時，組織資源與關係資源聯結形成的結構化資源為組織內外提供了資源匯聚和信息交流的平臺，為企業的員工和團隊提供了與外部利益相關者進行溝通的渠道和方式，從而使得員工和團隊能夠發現存在於外部環境中的機會，以及將組織資源和外部環境相結合的途徑。從整個企業的戰略運行和支持體系來看，組織資源與關係資源結合至少在三個層次上發揮著這種中樞神經系統的作用。第一個層次是組織的戰略層次，這個層次包括組織的文化價值觀和清晰的組織戰略目標，它為組織全體成員確定了共同的戰略遠景和資源的配置計劃。第二個層次包括組織的結構、決策體系、有效的管理程序、控制系統和經營流程，它們形成了組織如何運用資源的信息，以及能夠將組織內外資源加以整合的結構和溝通的渠道。第三個層次是組織所擁有的知識和技能，包括專利、許可、商業機密、技術等尚未資產化但被企業擁有收益權的、可以被投入到價值創造過程中的資源。組織資源與關係資源結合，在戰略層次實現內部資源和外部環境的匹配，在結構流程層次建立內外協調機制和溝通的接口與管道，在資源層次聚合企業所擁有的各類基礎資源。

　　因此，企業無形資源戰略規劃的基礎是構建以組織資源為核心的結構化無形資源投資管理體系。不論是人力資源還是關係資源的投資都是由結構化的組織資源黏合的統一整體：第一，企業通過內部的結構、流程、制度和管理程序將人力資源在內部加以整合。對人力資源投資形成的人力資源存量增加，需要被組織網路中的流程轉化為動態的流量知識，才能形成與其他資源的結合，實現價值的創造。第二，流程和結構為外部的企業間關係網路與組織層次網路的聯繫提供了通道，這一通道包含了企業與外部建立的關係中所蘊含的信息溝通的方式等，決定了企業組織與外部的關係的結構和信息流動的方向，從而決

定了企業在外部企業間網路中的定位。而企業在企業間網路中的定位決定了企業可以通過網路從外部獲取可被企業利用的資源，以及這些資源的使用效率。

總之，無形資源的價值累積和價值實現最終是通過組織資源構建的企業平臺來完成的，企業對其他無形資源的戰略規劃必須與相關的組織資源的戰略規劃相配合。內部人力資源的投資和外部關係資源的投資擴大和累積了內外可被利用資源和機會，而組織資源通過不斷提高對資源整合能力達成企業價值創造系統的協同性。

6.2 無形資源的內部戰略

在價值網路中，通過知識生產新無形資源的過程包括對原有知識的利用和對新知識的開發。前者是通過對組織已經獲取的知識理解、不斷提煉、抽象和擴散，並將知識和經驗運用於價值創造活動中的過程；后者則是在新的經濟和技術環境中，對新經驗的獲取和內化的過程。兩種策略的結合使組織的知識實現循環和創新。同時，在價值創造過程中，與無形資源相關的知識會通過各種渠道在價值網路中擴散，在價值網路中同樣會發生知識的轉化。

6.2.1 知識開發戰略

知識開發戰略的目的是對新知識的發現和創造，即組織在知識的開發過程中，通過不斷的探索試驗來產生和累積新的存量知識。隨著當前組織對自身所擁有的存量知識的潛在價值提出疑問，並且提出發展新的能力的要求，知識開發戰略就應運而生了。它要求組織對當前的組織戰略、組織規則、價值觀和

假設等做較大改變，這需要組織保持相當的開放性，重新審視環境及其中存在的變化趨勢，並且吸收新的知識和信息。

知識的開發和創新可以借鑑知識創新的螺旋模型。① 該模型定義了組織知識轉化和創新的四個過程：一是知識的同化（socialization），即組織成員在共同參與的經營管理活動中共享經驗、技能和隱性知識。二是知識的外顯化（externalization），雖然得以共享，但是隱性知識無法以某種形式記載會影響知識的傳播，因此需要對部分隱性知識進行顯性化操作。三是知識的結合化（combination），即將已經外顯的知識通過擴散和社會化，成為個體、群體或者其他組織共享的顯性知識。四是知識的內在化（internalization），即以企業組織為單位進行互動活動，將外部獲取的知識轉化成企業內部知識。以上四個轉化過程的循環構成了組織信息空間中知識的持續創新和轉化。在知識的創新過程中，伴隨著顯性知識和隱性知識的不斷互動和變化，同時存在著知識在價值網路中的個體、群體、組織、組織間不同網路節點和層次之間的擴散、流動和聚合。在上述四個階段中，知識轉化的特徵不同，也就相應地要求組織採取不同的知識戰略。

在知識開發戰略實施的初期，組織內乃至價值網路中通常存在認知上的多元性和差異性。這種認知上的差距會使知識的外溢性和擴散性變小。知識的轉化和互動只能發生在個體之間、群體內或者價值網路中緊密聯繫的組織之間，並且較多地以隱性知識的狀態存在於價值網路的不同層次中。此階段，知識的分享和擴散只是在相互作用的人群中，即價值網路中相鄰較近的節點之間。即使可能存在向價值網路中其他更廣泛區域的擴散，這種知識的外溢也將因為其隱性的特性而造成人們在理解

---

① 汪會玲. 知識創新的螺旋模型 [J]. 圖書情報工作, 2002（9）：39.

和應用上的困難。

在知識的逐步顯性化、結合化和內化的過程中，由於組織的開放性以及對隱性知識的難以編碼和控制性，通常會存在著新的知識和信息被競爭者或者其他公司搭便車的現象。在此階段，公司應當在知識編碼、透明度和擴散性上進行投資，實施相應的戰略干預措施，促進新產生的知識在信息空間中向上部移動。同時，要阻止其變成科學知識或者常識，從而防止競爭對手複製新知識，以實現新知識和信息的潛在價值。

6.2.2 知識利用戰略

從理論上來說，知識利用戰略是組織對現有經驗、信息和數據的抽象、編碼，使其在信息空間的位置向上部移動，同時，將這種編碼和抽象化的知識在信息空間中擴散，以及對其反覆運用、監控、提煉和改善。這一內化過程將提升不同個體、工作小組或團隊和整個組織的技能、能力、慣例和價值觀，從而使利益相關者達成觀念、認識和行為上的一致性，形成價值網路中不同企業間的戰略協同。例如，網路會計師事務所一般會共享統一的質量控制政策和程序，使用相同的業務操作指南等，以使各利益密切相關的會計師事務所能夠具有業務能力一致性並獲得戰略協同效應。

正如本章開頭所描述的，無形資源的獲取與利用存在一定的重疊，也就是說，無形資源在使用的過程中也能夠獲取新的無形資源，知識利用戰略正是如此。不過，知識利用戰略與知識開發戰略也存在差異，知識利用戰略的目的在於通過對現有知識的運用，形成個體、組織和組織間共享的價值觀、行為準則和標準，以及價值網路中利益相關者之間戰略行為上的一致性。可見，隨著知識利用戰略的推行，個體、組織的觀念、認識和行為的一致性達成，企業也會相應地提升組織資源和關係

資源。

但是，知識利用戰略在使價值網路中利益相關者之間的認知差距逐步減小、網路緊密性和趨同性增加的同時，也會造成價值網路中知識的外溢程度提高，知識的透明度相應地增加，知識在網路中擴散的成本降低。此時為了獲取持久的競爭優勢，企業必須採取積極的戰略性干預措施降低知識的可複製度和透明度。例如，企業通過品牌建設、產品持續改進、分銷渠道建設、緊密的聯盟網路建設等，通過對價值網路中不同層次知識要素的整合，形成知識流動的快速性和高效率，形成網路定位優勢、資源組合優勢和反應速度上的優勢。

實際上，知識開發戰略和知識利用戰略之間存在很強的互動關係，並由此形成了價值網路演化的內在動力。這就是說，兩種戰略之間存在著動態的張力，這種張力彌漫於組織內和組織間的網路中。而且兩種戰略在組織學習過程中存在著相互轉化的可能。這種轉化的過程伴隨著學習過程周而復始地發生，構成了組織動態發展的軌跡。

6.3 無形資源的外部戰略

上一節所涉及的知識利用戰略和知識開發戰略實際上是組織內部的知識創造、傳播、轉化和吸收的過程。企業還需要在價值網路的不同層次進行知識開發和利用。在這些過程中，組織通常要面臨新的環境，組織對外部知識、無形資源的獲取和吸收能力是戰略規劃成功的關鍵之一。因此，無形資源的外部戰略是無形資源內部戰略的重要補充。

6.3.1 外部學習能力

組織學習是企業在特定的內外部環境下，為獲取完整的知識和技術，通過不斷吸收和處理相關信息，並運用一定的工具來實現企業競爭優勢的一個動態的流程。它是一個以共享的知識為基礎進行的一系列不同的學習活動。其中對外的學習能力（外部學習）是一種借鑑學習，即組織為掌握其他組織的戰略、經營管理方法和技術等知識和信息進行的有意識的學習和模仿。

外部學習包括組織對外部知識的認知以及將所認知的外部知識消化並轉化為組織自身知識的過程。外部學習能力越強，企業越能夠準確把握和及時獲取各類信息和知識等無形資源。具體來說，組織的外部學習具有三個層面的內涵：

一是認知能力，指組織對外界環境中各種信息的判斷能力。通過企業與外界的溝通、合作關係的建立，企業可以接觸大量的外界信息、知識等無形資源。由於並非所有資源都能為企業所用，因此，企業對外界信息價值的判斷能力就至關重要，判斷能力越強，企業的資源獲取成本就越低，在其他條件一定的前提下，企業對知識的學習能力就越強。

二是同化能力，指組織對外界有價值的信息和知識的理解和消化能力，即企業在找到對企業具有重要價值的知識之後，如何利用現有知識學習系統將其納入自身知識體系中的能力。外部信息和知識的編碼本身具有特殊性，企業要利用這些信息和知識，必須按照本企業的特徵對這些信息和知識進行重新編碼。在重新編碼的過程中，關鍵的環節是對這些信息和知識的理解和消化。只有自身的知識學習系統能夠對外部的新信息、新知識進行有效的全面瞭解，企業在重新編碼的過程中才能夠很好地將上述資源中有價值的核心內容進行轉化，而不會有錯誤和歪曲的情況出現。

三是轉化能力，指企業將外界有價值的信息或知識經過認知和消化以後，用於自身商品化流程的能力。任何資源的價值最終都包含在企業的產品之中，企業將外部獲取的知識和企業自有資源結合，盡快將其用於商品化流程中，無形資源的價值才能夠最終順利實現。

6.3.2　影響外部學習能力的因素

組織的外部學習能力受到四方面因素的影響。第一是企業相關領域的知識和技能水平。知識和技能的累積是一個漸進的過程，而企業對外界信息和知識等資源的吸收以及應用能力與其前期相關知識、技能的累積程度密切相關，具有一定的路徑依賴性。

第二是企業的研發投入水平。因為研發的投入會直接影響企業知識的累積水平，進而影響企業的外部學習能力。以 IT 行業為例，行業中具有領先地位的企業都是通過大量的研發投入才獲得相應的市場地位的，其產品生產需要大量先進知識和技術的累積。一般而言，對各種類型研究活動的成本投入，都會有助於企業吸收新的知識。

第三是企業相關員工的努力程度。無論企業通過何種渠道或方式從合作中獲取相關的信息和知識，最終都是通過其員工來完成這一過程的。因此，企業員工的知識認知和消化能力是企業吸收知識能力的重要影響因素。換句話說，企業員工的人力資源水平與企業知識吸收能力密切相關。

第四是外界環境因素，環境的穩定性對企業外部學習能力提高的影響是最大的。當外界環境比較穩定、企業面臨的競爭不激烈時，企業學習外界知識或信息的動力就相對不足，外部學習能力會削弱；反之，當外界環境多變、企業面臨競爭很激烈時，企業迫於競爭和環境的壓力，就會提高從外界環境中學

習新知識的效率以適應競爭的需求，企業的外部學習能力會相應增強。

6.3.3 基於組織學習的無形資源外部戰略

外部無形資源的獲取和轉化過程實際上就是企業組織的學習過程，這一過程通常發生在企業組織之間，而非通常的個人之間或組織內部。實際上，企業間的合作關係是它們之間學習、交流的一個平臺，這一平臺通過合作夥伴間的互相選擇、雙方在合作過程中關係資源的投入等得以構建。在合作平臺構建的基礎上，合作成員可以利用自身的組織能力獲取自身所需要的知識和資源。在企業間的合作關係中，組織學習能力是決定合作績效的最主要因素。企業組織的外部學習能力決定了外界知識和信息的有效獲取和內化過程的效果和效率。

基於組織學習的視角，企業外部獲取無形資源戰略的基本內涵應包括識別、轉化、整合和應用四種過程。其中，識別過程是對外部知識的認知過程。在組織間學習過程中，識別是企業在以往經驗的基礎上，對信息和知識等外部無形資源的認知過程。在這一階段，企業要充分利用組織溝通能力，培養企業開放的企業文化、強大的外部公共關係處理能力和外界信息的收集能力，盡可能多地通過關係平臺獲取相關的信息、知識等資源。第二階段，是對外部知識的吸收過程。企業獲取了相關知識之後，必須能夠很快將上述無形資源進行內化，為己所用。這一階段，組織溝通能力和組織吸收能力都充當了非常重要的角色，直接決定了企業在多大程度上能夠做到將外部資源成功內化。第三階段，是將新舊資源匯總使用的過程。企業在充分消化從外部獲取的資源之後，需要將其與企業原有的資源整合使用，使其轉化為企業自身知識系統的一部分。在這一階段，客觀上要求企業加強自身的知識整合和應用能力，能夠很快將

從合作中獲得的資源與自有的資源有效結合。第四階段則是將知識用於生產過程中，轉化為產品以創造價值。

6.4 無形資源戰略的具體實施

雖然從戰略規劃角度企業能夠通過內部、外部的不同策略來獲得無形資源，但是在戰略的具體實施過程中，企業組織可以採用特定的戰略來獲取無形資源，以保障特定資源能夠為企業長期控制並創造價值。本節所介紹的專利化戰略、研發戰略和關係建立戰略均屬於這一類型。

6.4.1 專利化戰略的實施

專利化是指企業將以無形資源形式存在的知識、技術等通過申請專利的方式進行鎖定，借助法律對企業相關無形資源及其價值創造過程進行保護的過程。由於無形資源只是知識和信息的累積，在企業對外提供產品和服務的過程中，知識和信息必然會隨之擴散、流動，其價值也會隨之下降。企業實施專利化戰略為無形資源的流動增加了法律障礙。從產權關係上來看，專利化戰略實際上將無形資源的所有權進行了一定程度的轉移（從個人到企業），為無形資源的稀缺性和價值加以有效的保障。具體而言，專利化戰略可以按以下三個步驟進行：

（1）評估相關的無形資源

專利化戰略的實施首先要對擬專利化的無形資源進行系統的評估。其主要內容包括：識別價值網路中與該項無形資源存在重要關係的節點；對該無形資源的存續狀態進行系統的評估和診斷，評估其價值、生命週期、目標市場、應用該資源的產品線構成，以及風險分析與評估等；對其進行檔案化和編碼化

管理，除了無形資源本身的信息（諸如程序、發表內容、市場信息披露）外，還要包括與之相關的經營計劃、公司政策等。

（2）目標示別、分析及戰略制定

首先要依據企業的經營戰略，制定專利化戰略的目標。通常，企業專利化戰略的目標應該是利用專利及專利保護制度有效地打開市場、占領市場、壟斷市場。從這個角度而言，評判一個專利技術的主要標準是市場開發前景、獲利和保護前景，而不是技術高低、投資大小、製造的難易程度。

戰略目標可以是概念上的計劃，也可以是針對特定專利項目的申請計劃，企業一般要將這個目標與明確的商業目的緊密聯繫。商業目標應該包括使用該專利會得到什麼樣的利益。在大多數情況下，一個明確的目標比一個籠統的目標更能產生促進作用。如果設定的戰略目標過於寬泛，最後得到的將是模糊的和毫無意義的專利化戰略。

在具體戰略制定過程中，首先要對企業內外部環境進行綜合評估。要根據企業的總體戰略方向和經營狀況、不同類型資源的多寡，以及市場狀況和宏觀經濟環境，對企業的市場地位進行合理的評估。

其次則需要進行專利相關的信息分析工作。企業可以通過對相關領域已有專利的檢索與分析來獲知與掌握未來該領域的發展趨勢、競爭對手的專利戰略以及剩餘市場空間，以確保專利化戰略的正確性，避免無效投入和開發的盲目性。

最后是進行企業現有無形資源分析。制定專利化投資戰略的重要原則之一是按目標來配置有關資源。企業在制定專利化戰略時要從企業實際出發，考慮現有的有形資源與無形資源存量能否提供專利化戰略所需的資源配置。如果充足的資源沒有合理的配置，就會對目標的完成、時機的掌握產生影響，結果會造成人財物和時間的浪費。如果資源不能適應既定目標，要

及時調整目標，使其切實可行。

(3) 戰略實施與調整

企業在專利化投資戰略的實施過程中，要注意以下關鍵環節：

一是資源的配置與獲取。企業要根據專利化戰略的目標，通過價值網路配置和獲取資源，以保證戰略的順利實施。首先，要為專利化戰略所耗費的資源成本制定預算，通過交互許可、兼併收購、專利周邊技術的研發等手段，獲取專利組合中所要獲取的外部技術和資源支持，建立企業在價值網路中的定位優勢。其次，將專利組合通過許可或者產品嵌入，實現專利的商業化。最後，建立專利管理組織體系，進行持續的專利評估、專利信息情報分析和專利信息溝通。

二是制定應對競爭性專利的對策。企業應考慮到行業內的其他企業在與自己相關的商業技術領域提交專利申請時的應對策略，建立處理競爭性專利出現的應對機制。如果不對競爭對手提出的專利採取相應的對策，損失可能是巨大的。為此，企業要對競爭性商業專利進行探測，即對競爭對手可能提出專利的技術領域裡的專利活動進行嚴密監控。當競爭性專利出現時，及時採取應對策略，使可能的損失最小化。

三是戰略調整。專利化戰略應隨瞬息萬變的市場信息而調整。專利戰略調整過程包括：每隔一段期限都要對企業中以專利形式存在的無形資源進行估值，並對估值持續下降的專利權採取出售和放棄等措施；不斷優化專利組合的構成；分析競爭對手的策略和產業環境的變遷，評估專利組合的風險和專利戰略導向的實施效率和效果，適時調整戰略導向。

6.4.2 研發戰略的實施

研發是企業為形成某項特定技術而投入各種資源，是企業

無形資源獲取戰略的重要組成部分。為了做出正確的研發決策，企業首先必須瞭解研發對企業價值創造的作用，即對研發的價值評估。戰略性研發計劃並不單指某一個項目而是針對項目組合，它不僅強調了各個項目之間的技術聯繫，更強調了彼此之間的戰略聯繫。研發戰略的實施重點在於戰略性研發計劃的制訂和戰略實現形式的選擇。

（1）制訂戰略性研發計劃

從戰略的角度出發，研發總是為以下三個目標服務的：一是開拓一個全新的業務領域；二是改變現存的競爭規則；三是支持、保護、維持和擴展現有的業務活動。根據上述目標，研發項目可以相應地劃分為基礎研究項目、根本性創新項目和漸進性創新項目。

企業在確定戰略性研發計劃時，要特別注意技術選擇與企業所處競爭環境的匹配問題。研發所扮演的戰略角色是隨著競爭環境的變化而改變的。例如，研發的主要作用在於為企業開拓新的業務領域；在企業處於穩定增長的時期，研發的任務應當轉為提高企業在市場中的競爭能力。

（2）戰略實施形式

企業戰略性研發計劃的實現可以採取內部開發或合作開發的形式。相對而言，合作開發更具有優勢，主要體現在風險分擔、資源集中和槓桿效應三方面，同時企業價值網路也為此提供了基礎。

首先，企業間基於資源和能力的互補性形成的合作開發能夠規避技術和市場的不確定性。其次，企業間基於資源和能力的互補性形成的合作開發能夠實現知識和資金投入的共享。最后，企業間基於資源和能力的互補性形成的合作開發能夠把不同企業所具備的核心能力有機結合起來，形成有效的槓桿效應。合作開發存在以下三種戰略導向：控制競爭領域的變化趨勢；

獲取關鍵性無形資源；開發和建立與其他企業或機構的聯繫。企業可以根據不同的戰略導向選擇相應的合作開發領域。可供選擇的合作開發模式主要有以下三種：建立合作研發組織；建立研發戰略聯盟；技術許可，即通過簽訂許可協議獲得使用另外一家公司技術的權力。

顯然，企業間合作關係的構建是保證企業間基於資源和能力的互補性形成的合作開發取得成功的關鍵。

6.4.3 關係構建戰略的實施

關係資源可以通過企業間關係網路的構建，以及合作夥伴之間的人力資源、技術等方面的投入獲得，其中合作夥伴之間所構造的合作關係往往對無形資源的形成具有重要意義。以人力資源投入為例，合作企業往往會為了合作關係的深化而在人力資源方面進行大量投入，如為使員工能夠掌握與合作有關的特殊技能或相關工作流程的特殊技巧而對人員進行的培訓等。當合作夥伴進行共同開發時，相關的工作經驗以及與合作有關的特殊信息和知識都會得到累積。同時人力資源專用性還會隨著雙方合作關係的加深進一步加強。這種專用性能使合作雙方提高合作效率及降低彼此間的信息不對稱程度，提升雙方合作關係的質量和績效。不過這類投入也可能會隨著雙方合作關係的中止而成為沉沒成本。

關係建立的基礎對合作雙方的關係質量具有直接和重要的影響，通過合作雙方目標的一致性、資源的互補性、文化的兼容性等幾個層面的作用，可以對合作關係的強度、持久性、交流的頻率、合作的多樣性、靈活性和績效等各個層面產生影響。

（1）合作夥伴的選取

在明確企業自身戰略目標以及所需要的互補性無形資源的基礎上，企業應在戰略目標的指引下尋找適合的合作夥伴。選

取合作夥伴應遵循以下標準：首先，合作夥伴擁有企業所需的互補性無形資源是選取該對象作為合作夥伴的首要條件。其次，合作夥伴與本企業之間存在兼容的企業文化也是選取合作夥伴的重要條件之一。無形資源互補性對於合作夥伴的選擇至關重要，雙方文化的兼容性較差，意味著合作企業組織資源之間存在互斥性，這也會對互補性形成抵消作用而降低合作的最終績效。

（2）構建學習平臺

合作關係的建立和維持實際上是為企業提供一個向外界借鑑知識和信息的學習平臺，企業可以利用該平臺來獲取實現企業戰略目標所需要的知識和信息等資源。企業在建立學習平臺的過程中還要注意兩個問題：一是要公平、靈活地處理在合作過程中出現的各種問題，不僅要考慮自身利益，同時也要公平對待合作夥伴，這樣才能夠保證合作關係的持續發展。二是企業應在適時條件下增加雙方關係的強度。在中國企業間合作關係中關係強度普遍較低，這雖然可以降低企業所面臨的合作終止風險，但也降低了合作的績效。因此企業應根據合作雙方的關係進展情況，適時提高雙方合作關係的強度，促進合作績效的進一步提升。

6.5　本章小結

企業所擁有的任何無形資源都需要經過長期的投資、經營和累積，因此企業必須根據自身發展需要、外部環境和價值網路的特點制定相應的無形資源戰略，從而形成具有持續價值創造能力的無形資源，保證無形資源價值生產的高效性。由於無形資源包括三種資源相互重疊的區域，涵蓋了個體與群體、組

織與組織之間的知識協調和整合，因此在戰略的規劃和具體實施過程中，企業不應圍繞某一項具體的無形資源採用相關戰略方法來獲取，而應提高其知識利用、外部學習能力，並制定相應的綜合戰略來獲取無形資源。

7 無形資源與有形資源配比關係的實證分析

7.1 理論分析和研究設計

從現有的學術研究成果來看,學者們認為無形資源不僅是企業發展必須獲取的重要資源,人力資源、組織資源、關係資源和有形資源之間還存在一個最佳配比關係,只有滿足這一比例關係企業才能夠實現價值最大化的戰略目標(Becker, Huselid, 1998; Burton-Jones, 1999; Mouritsen, 1998)。不過,關於無形資源價值創造問題的量化研究模型卻非常少,這或多或少地與無形資源的計量有一定難度相關。

企業的重置成本可以視作企業重新購入其擁有的資源存量所花費的成本,因此托賓 Q 值將企業的市場價值與其資源的投入水平(即企業重置成本)聯繫在了一起。企業擁有資源的目的是創造價值,在一個有效的資本市場中,股票價格反應了企業掌控的資源所創造的市場價值,那麼股票價格也可以表示為資源的邊際產出。這就使企業股票價格和資源投資決策之間存在這樣的因果關係:一旦 Q 值大於 1,即企業資源所創造的價值(市場價值)超過其重置成本,那麼企業就會做出資源的投資決

策。因此，資本市場是一個連接企業資源投入水平與企業市場價值的仲介。通過對稱的市場信息，投資者能夠對企業的投資決策做出反應，購入或者賣出企業股票，而企業管理人員亦能夠利用市場的反應來考察投資決策的成敗。

由於托賓 Q 能夠有效地將企業資源的存量、投資水平與市場價值緊密聯繫，因此許多實證研究文獻都對托賓 Q 及相關的資源價值創造問題進行了分析。例如大量研究表明在不同的經濟體中仍然存在大量的非效率投資行為（Fama, French, 1988; Scheinkman, Xiong, 2003）。同時亦有研究證實了如果只分析企業對有形資源的投資，很可能會得出非效率投資的結論，這是因為企業投資於無形資源同樣能夠進行價值創造，而這部分投資往往被研究者所忽略（Klock, et al., 1996; Ante Pulic, 1998; Ballot, 2001; Pantzalis, Park, 2009; Oliveria, 2010）。有學者從其他角度去研究無形資源的效率問題，不過卻發現市場價值與企業無形資源投資水平之間僅存在較弱的相關關係（Chirinko, 1987; Bond, Cummins, 2003）。

總的來看，近年來學者們對企業投資決策與市場價值之間做了大量研究，他們發現如果剔除無形資源的影響，企業的資源投資水平與企業價值之間就難以出現顯著的因果關係。Klock 等（1996）將無形資源引入 Tobin-Q 研究模型中，他們發現，經過適當的修正，將無形資源囊括其中的修正托賓 Q 值能夠解釋企業資源投資水平與市場價值之間的關係。本章的實證研究正是基於這一研究成果，本書在第四章已經通過理論分析和實證檢驗方法證實了存量無形資源會顯著地影響企業創造的價值（市場價值）。

正如前文所描述的那樣，會計信息系統對無形資源的忽略限制了研究數據的獲取，從而使很多研究得到資本市場無效的結論。為此本章建立了一個實證模型來研究無形資源與有形資

源之間的關係，以確定在企業進行最大化的價值創造過程中無形資源與有形資源的最佳配比。本章的模型是建立在 Hamiltonian 動態均衡函數的基礎之上的，該模型最初用以研究無形資產攤銷和有形資產折舊問題。在本章中，Hamiltonian 動態均衡函數被用以研究無形資源與存量、流量有形資源之間的關係，以及如何確定特定行業內企業在有形資源和無形資源之間的投資比例問題。

7.1.1 理論方法

無形資源的累積過程與有形資源類似，無形資源與有形資源均是企業長期不斷進行投資而獲取的，無形資源在營運過程中也在不斷消耗，轉變成企業價值。在此，本書將 K 定義為有形資源的存量額度，I 則是有形資源的總投資，而 δ 表示有形資源的折舊率。那麼有形資源的累積過程可以描述為：$\dot{K} = I - \delta K$（式 7-1）。同樣地，無形資源的累積過程也可以表示為：$\dot{A}_n = T_n - \theta_n A_n$（式 7-2）（$n = 1, 2, 3$，分別代表三種不同類型的無形資源）。其中，$A$ 表示無形資源的存量額度，θ 表示無形資源的損耗率（類似於無形資產的攤銷率），T 表示無形資源的總投資。

本章的研究始於企業價值最大化過程的約束條件。本書認為，企業在營運過程中，會根據其經營特點而保持一個特定的有形資源與無形資源之比。如何達到最優的配比關係是一個動態的調整過程，包括如何將三種不同類型的無形資源與有形資源進行匹配。在此，本書設定一個比例因子 M_n，作為無形資源與有形資源之間的比例關係：$M_n = A_n / K$（式 7-3）。

對於企業而言，必須找到最佳的無形資源與有形資源的配比，從而使企業能夠更加高效地運作，具體到經營管理實踐活動，則包括招聘新員工、固定資產更新、優化內部流程或組織結構、制定新行銷戰略等。M_n 表示存量無形資源與有形資源之

間的比例。因此再設定另一個比例因子 m_n，作為這兩種資源投資額之間的比例關係：$m_n = T_n/I$（式 7-4）。

在完全競爭的要素市場中，企業的市場價值是股東權益與債務市場價格之和，同時它還等於未來由兩種資源所創造的利潤之和。①

$$V(t)+D(t)= \sum_{1}^{n}\mu_n A_n +\rho K \qquad (式 7-5)$$

$V(t)$ 和 $D(t)$ 分別代表 t 時刻企業股權資本與債務資本的市場價值；μ_n 和 ρ 則是無形資源和有形資源的消耗水平，也就是影子價格②。在式 7-5 兩邊同時除以 K，可以得到：

$$\frac{V(t)+D(t)}{K}= \sum_{1}^{n}\mu_n M_n +\rho \qquad (式 7-6)$$

式 7-6 左邊表示傳統的托賓 Q 值計算方法，其分子是企業的市場價值，而分母是企業有形資源的重置成本，這一計算方法忽略了無形資源的影響。從另外一個角度來看，企業是有形資源和無形資源的組合，資源同樣存在著重置成本、帳面價值和市場價值，以資源的市場價值與重置成本進行比較同樣也可以得到托賓 Q 值。另外，研究者發現邊際 Q 值與平均 Q 值是兩個明顯不同的概念（Ang, Beck, 2000）。本書也根據這兩個 Q 值的定義，將無形資源存量與投資額加入邊際 Q 值與平均 Q 值的計算公式中：

$$q_m = \frac{\sum_{1}^{n}\mu_n T_n +\rho I}{\sum_{1}^{n}q_n T_n +pI} \qquad (式 7-7)$$

---

① 儘管財務報表中沒有列示無形資源的存量和消耗水平，但是在完全有效的資本市場中，企業所有資源可以帶來的未來現金流量現值能夠反應在股票價格上。

② 學術界存在多個對影子價格的定義。本書此處指資源在得到最佳使用時的價格，可以將其視作資源達到最佳生產效率時的生產率，它反應了資源的市場價值。

$$q_A = \frac{\sum_1^n \mu_n A_n + \rho K}{\sum_1^n q_n A_n + pK} \qquad (式7-8)$$

其中 q_n 表示無形資源的重置價格，p 則表示有形資源的重置價格。假設市場重置成本與帳面價值相當，那麼可以將式 7-8 修改為：

$$\frac{V+D}{K} = q_A \left(\sum_1^n M_n + 1 \right) \qquad (式7-9)$$

式 7-9 左邊是傳統的平均 Q 值計算方法，因此也說明了實際的平均 Q 值要小於傳統算法的平均 Q 值，也就是說，包含了無形資源的平均 Q 值會下降。

如果將式 7-7 和式 7-8 的分子分母同時除以 K，則可以得到如下等式：

$$q_m = \frac{\sum_1^n \mu_n m_n + \rho}{\sum_1^n q_n m_n + p} \qquad (式7-10)$$

$$q_A = \frac{\sum_1^n \mu_n M_n + \rho}{\sum_1^n q_n M_n + p} \qquad (式7-11)$$

這兩個等式展示了當前企業資源存量與歷史存量之比，如果 $M_n = m_n$，等式 $q_m = q_A$。不過，$M_n = m_n$ 還需要有形資源與無形資源存在同樣的消耗比率。如果消耗比率不同，那麼邊際 Q 值和平均 Q 值就會出現差異。

M_n 表示無形資源和有形資源之間的配比關係，它受不同的行業、資本集中度水平、經營戰略等因素影響。不過對於具體的企業而言，理想狀況下都會有一個最佳的無形資源和有形資源之比存在。在對企業價值最大化的研究中，許多學者將實物資產投資變動額、無形資產投資變動額和債務規模變動額作為約束條件（Schreyer, Clark, 1991; Laitner, et. al., 2003; Chirinko, 1987; Hayashi, 1982）。本書認為，如果無形資源和有形資源之間沒有達到最佳的匹配比例，同樣也會對企業價值產

生負面影響。因此 M_n 亦可以被看作是 Hamiltonian 等式中的約束條件，它的改變量可以表示為：

$$\dot{M}_n = \frac{\dot{A}_n + A_n}{\dot{K} + K} - \frac{A_n}{K} \quad \text{（式 7-12）}$$

式 7-12 將 K 和 A_n 用式 7-1、式 7-2 中的內容進行替代，可以得到：

$$\dot{M}_n = \frac{T_n + (1-\theta)A_n}{I + (1-\delta)K} - \frac{A_n}{K} = \frac{\frac{T_n}{K} + (1-\theta)M_n}{\frac{I}{K} + 1 - \delta} - M_n \quad \text{（式 7-13）}$$

結合式 7-9，企業的市值可以表示為：

$$V(t) + D(t) = q_A \times (\sum_1^n M_n + 1) \times K \quad (7-14)$$

該等式受式 7-1、式 7-2、式 7-12 的約束。

本書中 Hamiltonian 等式是基於企業最大化市場價值這一目標所構建的。其理由有二：首先，資本市場上的短期投資者通過企業市場價值的波動獲取收益，所以在企業市場價值中考慮資源的投資決策是符合投資者預期的；其次，市場價值與其他財務指標相比顯得最不武斷。因此，本書構建了 Hamiltonian 等式：

$$H = q_A \times (\sum_1^n M_n + 1) \times K + \sum_1^n \mu_n (T_n - \theta_n A_n) + \rho(I - \delta K)$$

$$+ \sum_1^N \lambda \left(\frac{\frac{T_n}{K} + (1-\theta_n)M_n}{\frac{I}{K} + 1 - \delta} - M_n \right) \quad \text{（式 7-15）}$$

上式中，A_n，K 和 M_n 分別代表了無形資源存量、有形資源存量及二者的存量額度之比。T_n 和 I 是無形資源的投資量，μ_n，ρ 和 λ_n 是 A_n，K 和 M_n 的影子價格。M_n 和 ρ 表示無形資源和有形資源的邊際投資額所帶來的邊際收益。

企業是否進行投資決策取決於其是否能夠獲得足夠的資金來購置資源，以及是否有能力駕馭這些資源，使其產生經濟價值。在投資決策的過程中，企業還需要隨時調整其成本分配，以使有形資源與無形資源得到合理的配比：新機器只有在員工進行一段時間的磨合、培訓后才能熟練操作，新產品必須獲得與其相配合的關係資源才能夠大面積推廣。一旦出現兩種資源不匹配的現象，就會對企業價值帶來負面影響。本書認為，如果當前的資源配比比例與歷史比例一致，那麼企業的調整成本也是最小化的。因此本書設定了調整成本 λ_n，作為當前資源配比不符合歷史配比比例時對企業價值的蠶食。如果它們之間沒有差異，即 $M_n = m_n$，那麼調整成本能夠實現最小化，新增加的無形資源和有形資源能夠得到最好的使用。本書採用如下二次方程圍繞 M_n 來描述調整成本，α 是一個規模參數。

$$\Phi_n(I, T_n, M_n) = \frac{\alpha}{2} \times (M_n - \frac{T_n}{I})^2 \qquad （式7\text{-}16）$$

該函數的極小值條件是 $M_n = m_n$，對函數求導，可以得到：

$$\lambda_n = \alpha \times (M_n - \frac{T_n}{I}) \qquad （式7\text{-}17）$$

當極值條件達到時，兩種資源的影子價格和購買價格是一樣的，即 $\mu_n = q(t)_n$（式7-18），$\rho = p(t)$（式7-19）。如果假設企業已經達到了最佳的資源配比比例，那麼對 M 求偏導將得到0。將式7-17帶入式7-15中，並對 M_n 求偏導，可以得到極值條件：

$$T_n = 2 \times \frac{\frac{I}{K} + \theta_n - \delta}{\theta_n - \delta} \times M_n \times I + \frac{1}{\alpha} \times \frac{1 - \frac{I}{K} - \delta}{\theta_n - \delta} \times Q_A \times K \times I$$

$$（式7\text{-}20）$$

式7-20反應了企業無形資源投資水平與有形資源存量、投

資水平之間存在著線性關係。如果從理論上來解讀，就是企業進行無形資源的投資決策時首先會考慮現有資源的存量以及有形資源的存量和投資額，和項目相關的計劃、預算問題。從投資者的角度來看，企業的投資決策能夠通過計算平均 Q 值來進行預測。式 7-20 可以被解釋為有形資源的投資 I 和無形資源的投資 T_n。從式 7-20 可以發現企業的無形資源投資決策受到企業因素（$M_n \times I$）和市場因素（Q_A）的雙重影響，同時它與企業的歷史資源配比 M_n、企業有形資源投資 I、有形資源存量 K 和市場因素 Q_A 正相關。這個等式的推導存在一個假設，即最優的資源配比是可以實現的，也就是說 M 值為 0，即式 7-12 為 0。不過，由於式 7-20 的變量內生性問題不能作為計量經濟模型來應用，因此本書從式 7-12 中得到了有形資源和無形資源消耗率之間的關係：

$$T_n = I \times M_n + (\theta_n - \delta) K \times M_n \qquad (式\ 7-21)$$

式 7-21 可以轉化為計量經濟學模型。無形資源的投資被有形資源的投資 I、兩種資源的配比 M_n、有形資源存量 K 以及兩種資源的消耗率所決定。

7.1.2 模型設計

正如前文所描述的那樣，企業對無形資源的投資金額可以通過職工工資、管理費用和銷售廣告費用來代替，職工工資取自現金流量表，而后兩者取自利潤表。根據本書的假設，本書構建了一個實證分析模型對在上海證券交易所上市的企業數據進行分析，也就是有形資源的折損率與無形資源消耗率之間的關係。迴歸所使用的模型是根據式 7-21 進行的修正，即無形資源投資額（T_n）是被解釋變量，有形資源的存量（K）和投資額（I）是模型的解釋變量：

$$T_{nit} = a + b_n I + c_n K_{it} + \varepsilon_{it}$$

T_{nit} 是指 i 企業於 t 年進行的無形資源投資，n 代表三種不同的無形資源，其中 T_{1it} 表示人力資源，T_{2it} 表示組織資源，T_{3it} 表示關係資源。企業有形資源存量則是企業的非流動資產存量和當期營運資本存量之和。根據前面的分析過程可以發現，模型中的系數 b 表示資源存量之比，c 則表示 $(\theta_n - \delta) \times M_n$。

模型變量一覽如表 7-1 所示。

表 7-1　　　　　　　　　　模型變量一覽

變量類型	變量名	變量名	變量定義
因變量	人力資源投資量	T_1	企業第 t 年的人力資源投資量
	組織資源投資量	T_2	企業第 t 年的組織資源投資量
	關係資源投資量	T_3	企業第 t 年的關係資源投資量
自變量	有形資源期初存量	K	企業第 $t-1$ 年年末的有形資源存量
	有形資源投資量	I	企業第 t 年的有形資源投資量

在數據選擇方面，本書選擇了 2005—2013 年中國 A 股市場上市公司的財務數據，其中排除了首次公開募股企業（IPO）、虧損一年的企業（st 企業）、金融企業和存在數據缺失的企業，剩餘 1,155 家企業，共 10,394 個樣本，本書的數據來自 wind 數據庫。

研究樣本行業分類一覽如表 7-2 所示。

表 7-2　　　　　　　　　研究樣本行業分類一覽

行業名稱	企業數量
採礦業	35
電力、熱力、燃氣及水生產和供應業	42
房地產業	110
建築業	18

表7-2(續)

行業名稱	企業數量
交通運輸、倉儲和郵政業	28
教育業	1
科學研究和技術服務業	1
農、林、牧、漁業	18
批發和零售業	116
水利、環境和公共設施管理業	13
衛生和社會工作	1
文化、體育和娛樂業	11
信息傳輸、軟件和信息技術服務業	25
製造業	701
住宿和餐飲業	8
綜合	17
租賃和商務服務業	10
總計	1,155

7.2 描述性統計

　　由於本書所選取的研究期間內，中國受到了國際金融危機的影響，不僅實體經濟受到負面影響，上證綜指和深圳成分指數也出現了較大的波動，相應地各種資源投資都會出現波動，如果只是使用各項指標的絕對數進行比較難以得到準確的結論。因此本書將各項絕對額指標除以當年年初企業市值，通過相對數指標來進行研究。表7-3是本章迴歸模型中相關變量的描述性統計。從有形資源的存量和投資量來看，不同企業之間存在著較大的差異，其標準差分別高達0.656,1和0.532,6。

表 7-3　　　　　　　　變量描述性統計

項目	人力資源	組織資源	關係資源	有形資源存量	有形資源投資
平均值	0.061,958,2	0.053,777,8	0.044,845	0.670,141,2	0.110,882,9
中位數	0.043,457,0	0.038,750,2	0.022,137	0.531,828,258	0.036,083,7
標準差	0.070,955,4	0.055,820,7	0.079,386	0.656,095,5	0.532,570,6
最小值	0.000,457,8	0.000,950,3	0.000,000,2	−10.176,4	−4.759,461
最大值	2.602,455	1.296,324	1.601,305	12.247,5	13.696,47
樣本數量	10,395	10,395	10,395	10,395	10,395

變量相關係數矩陣如表 7-4 所示。

表 7-4　　　　　　　　變量相關係數矩陣

項目	人力資源	組織資源	關係資源	有形資源存量	有形資源投資
人力資源	1				
組織資源	0.670,8	1			
關係資源	0.515,4	0.454,9	1		
有形資源存量	0.439,4	0.328,4	0.196,8	1	
有形資源投資	0.173,2	0.097,5	0.081,2	0.503,8	1

從變量之間的相關係數來看，企業無形資源投資額與有形資源投資額之間的相關性並不高，而存量有形資源與無形資源之間關聯度更高，這也說明有形資源存量需要通過無形資源的匹配，才能獲得最大化的價值產出。

7.3 迴歸分析結果及檢驗

正如本章開頭所分析的，無形資源投資模型建立在企業能夠達到最優的資源配比，從而能夠獲得最大化價值增值的假設之下。在這一假設下，企業對新資源的投資比例應與資源存量的比例是一致的。系數 b 代表資源投資的比例 M_n，這一比例就是最佳的資源配比。表7-5的迴歸分析結果顯示，無形資源與有形資源存量、有形資源投資額之間存在著最佳配比，其中人力資源投資和有形資源投資的最佳比例是 0.008,6，組織資源和關係資源與有形資源投資的最佳比例分別為 0.009,5 和 0.003,6。這說明組織資源的投資活動一旦開始進行，就需要投入相對更多的有形資源與之相匹配。

表7-5　　　　　　　　迴歸分析結果

	Intercept	K	I	$Adj\text{-}R^2$	F-stat	$|b/c|$
T_1	0.028,71*** (31.24)	0.051,0*** (46.35)	−0.008,6*** (−6.33)	0.196	1,267.99*** [0.000,0]	0.168,6
T_2	0.033,5*** (44.13)	0.031,8*** (35.02)	−0.009,5*** (−8.51)	0.113,9	668.90*** [0.000,0]	0.298,7
T_3	0.028,3*** (25.17)	0.025,3*** (18.77)	−0.003,6** (−2.16)	0.039,0	211.84*** [0.000,0]	0.142,3

註：***、**、*表示估計系數在1%、5%、10%水平下顯著，括號內數值為對應系數的 t 統計量。

模型中的參數 c 表示存量資源比例與兩種資源消耗率之差的乘積，由於 b 表示 M_n，因此可以通過 b/c 來得到 $\theta n-\delta$，即無形資源與有形資源消耗率之差。儘管不同行業的有形資源消耗

率會有所區別,但是從模型的迴歸結果可以看出無形資源的消耗率要明顯低於有形資源的消耗率(b/c為負值)。從理論角度來看,其原因在於無形資源的獲取是依靠企業不斷更新管理方式和持續的變革,在獲取之后能夠作為企業的戰略性資源幫助企業在一個較長的時間段內獲得競爭優勢和價值增值。儘管無形資源不能像有形資源那樣通過股東註資或者大量採購而獲取,但是無形資源一旦形成,其價值創造能力是高於有形資源的。這一點對於競爭中處於不利環境的中小企業顯得更有意義:通過獨特的經營方式、企業文化或人才優勢所形成的無形資源能夠有效保證其市場地位的穩固。

三種不同的無形資源中,組織資源的消耗速度是最快的,而人力資源和關係資源的消耗速度則大致相同。由於組織資源的消耗主要是企業的內部經營管理問題引起的,這說明中國上市公司內部經營活動還存在高投入、低產出的問題,值得實務界關注。

由於本章所選擇的數據時間跨度較長,為了檢驗模型假設條件的穩健性,本書首先對模型進行固定效應分析和隨機效應分析,通過豪斯曼檢驗(Hausman specification test)發現模型適用於固定效應分析,接著通過固定效應迴歸檢查模型的穩健性,結果發現模型是穩健的。固定效應分析如表7-6所示。

表 7-6　　　　　　　　固定效應分析

	Intercept	K	I	$Adj-R^2$	F-stat
		固定效應迴歸			
T_1	0.028,1*** (27.04)	0.063,2*** (60.01)	−0.011,5*** (−11.17)	0.322,5	2,198.77*** [0.000,0]
T_2	0.023,5*** (34.61)	0.048,3*** (52.25)	−0.018,8*** (−20.84)	0.235,9	1,425.71*** [0.000,0]
T_3	0.019,6*** (24.49)	0.039,3*** (35.94)	−0.010,4*** (−9.74)	0.136,9	732.57*** [0.000,0]

表7-6(續)

	Intercept	K	I	Adj-R^2	F-stat
雙向（時間）固定效應迴歸					
T_1	0.019,0*** (12.87)	0.054,7*** (45.97)	-0.008,3*** (-7.87)	0.346,6	489.56*** [0.000,0]
T_2	0.045,0*** (35.37)	0.036,0*** (35.20)	-0.012,2*** (-13.54)	0.294,4	385.19*** [0.000,0]
T_3	0.030,0*** (19.45)	0.029,1*** (23.55)	-0.005,6*** (-5.16)	0.166,2	183.99*** [0.000,0]

註：***、**、*表示估計係數在1%、5%、10%水平下顯著，括號內數值為對應係數的t統計量。

接著本書將9年分成3個3年的時間窗口來重新對不同時間段的數據進行迴歸分析。由於迴歸模型的係數 b 代表不同的無形資源與有形資源的比例，因此在圖7-1中展示的是不同時間段內迴歸模型的參數 b（代表了三種不同無形資源投資額之間的比例關係）。從圖7-1中可以發現，不同時間段的迴歸結果波動性較小。

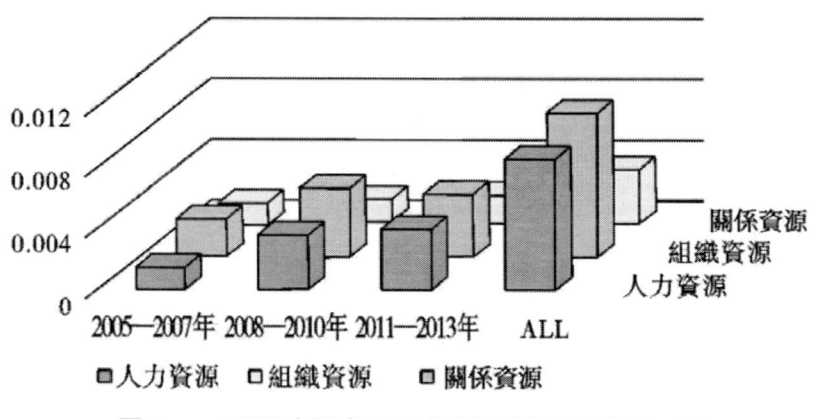

圖7-1 不同時間窗口期無形資源比例關係一覽

另外，行業的不同也會對資源比例產生較大的影響。因此本章將仍然根據證監會的行業分類對不同行業進行進一步的研究。理想狀態下，不同的行業都應該進行迴歸分析，不過受限於樣本數量，本書僅對製造業進行單獨分析。

表 7-7 展示了製造業數據的相關迴歸數據，雖然參數均是顯著的，不過影響幅度卻有所不同。製造業的無形資源存量比例要明顯低於市場總體水平，其中人力資源為 0.001，組織資源則是 0.004,1，關係資源是 0.006,9，這是因為製造業對於固定資產的依賴要遠高於其他行業。同時，製造業的關係資源消耗速度是最慢的，要低於有形資源 0.246,4。人力資源和組織資源則分別慢 0.016,3 和 0.120,6，這些均高於市場整體水平。迴歸結果中，製造業人力資源的高消耗速度是因為製造業屬於勞動密集型行業，員工的離職率較高，而且崗位技術含量較低。相對來說，其組織資源的消耗速度要低於行業平均水平，這是因為製造業企業的組織結構大多屬於較為傳統的組織結構，較為傳統的企業文化等因素並不能帶來額外的價值增值。

表 7-7　　　　　　　　製造業數據迴歸結果

	Intercept	K	I	$Adj\text{-}R^2$	F-stat	$\|b/c\|$
T_1	0.025,3*** (13.52)	0.061,4*** (28.65)	−0.001,0** (−2.13)	0.236,7	538.01*** [0.000,0]	0.016,3
T_2	0.026,7*** (22.49)	0.034,0*** (25.03)	−0.004,1** (−2.36)	0.204,3	445.74*** [0.000,0]	0.120,6
T_3	0.022,2*** (11.91)	0.028,0*** (13.09)	−0.006,9** (−2.50)	0.071,9	135.25*** [0.000,0]	0.246,4

註：***、**、*表示估計係數在1%、5%、10%水平下顯著，括號內數值為對應係數的 t 統計量。

7.4　研究結論

　　本章對無形資源與有形資源配比關係問題進行了研究。儘管企業需要制定相關戰略來獲取無形資源，但是並不是企業進行的無形資源投資越大越好。無形資源必須與有形資源進行合理配比，才能夠實現價值的最大化產出。本章對托賓 Q 計算公式進行了一系列的變形，並與改進的 Hamiltonian 公式相結合，得到了無形資源投資量與有形資源存量、投資量之間存在線性關係的結論，並據此建立了實證分析模型，來分析無形資源投資額與有形資源存量和投資額之間的比例關係。通過對模型的迴歸分析，本書發現無形資源消耗速度要慢於有形資源的消耗速度，也就是說無形資源一旦獲取，就能給企業帶來持續的價值增值。

8　無形資源產權問題研究

　　本書前面的論述已經對無形資源的價值創造機理和獲取戰略等問題進行了深入的探討，對於企業而言，無形資源是與有形資源相對應的資源形態，在企業價值創造活動中與有形資源具有同等重要的意義。這些觀點一經提出，必然會與現有的產權理論或共識產生矛盾：傳統觀點所認為的有形資源所有者佔有企業全部資源的剩余索取權是否合理？如果一家企業主要依賴於員工的無形資源創造價值，那麼資源產權相關的剩余控制權和剩余索取權應該如何在這些員工和有形資源所有者之間進行分配？本章將通過對無形資源產權相關問題的研究來解答這兩個問題。

　　無形資源產權問題的提出，是為了解決企業由無形資源所創造價值的分配問題（收益權分配）和相關的經營管理問題（控制權分配）。從產權形成來看，無形資源的產權形成與有形資源類似，均來自於技術進步和資源的稀缺性等因素，不過與有形資源不同的是無形資源必須依附於人這一載體。這種「異質性」特點實際上將無形資源的產權進行了天然的切割，使其所有權、收益權、使用權發生了分離，從而無形資源的產權不再是一個完全的產權概念。這就使無形資源價值分配問題必然會與有形資源存在較大的差異，如果仍然按照有形資源的產權

配置進行分配則會影響企業的產權激勵。

8.1 產權的起源

產權的起源問題包括三個層面的意義：首先是人類社會中最早出現的產權；其次是人類在社會演進過程中發現的新資源需要建立的產權機制；最后是對原有產權關係的否定和改變。無形資源相關的產權起源主要是后面兩個層面的問題。

在財務學中產權問題同樣重要，時代的演進使得企業和資源的產權形式不斷變化。從財務學角度來看，產權形成的基礎是產權確立之後擁有獨立產權的所有者所獲得的收益恰好大於產權確定時所耗費的成本。而這種收益的產生源於經濟社會的變遷和科學技術的進步。例如早期的土地資源並不能帶來足夠的收益，但隨著現代房地產業的高速發展，土地帶來的收益大幅提升，這使得土地產權確立成本與之相比顯得越來越低，因此土地產權的確立成了歷史的必然。同樣，對於人力資源而言，大工業生產時代的「資本雇傭勞動」的原因在於簡單重複勞動所創造的價值極低，產權確立成本與之相比顯得更高，而當代高科技企業的價值創造活動很大程度上都依賴於技術和管理人員的工作，因此作為人力資源天然所有者的員工必然會通過確立產權來實現自身利益。當然，產權的形成原因並不僅僅是產權確立收益的實現，產權界定技術、資源稀缺程度和要素相對價格變動等都是無形資源產權得以實現的主要原因。

8.1.1 產權界定技術的進步

馬克思認為，制度的形成需要技術水平的支撐，產權制度同樣如此。一項資源的私有產權確立需要的條件是該項資源的

產權所有者從資源處獲得的全部收益必須大於他確立產權時發生的各種費用。如果產權確立的費用大於所能獲得的收益，那麼私有產權是無法成立的。不過隨著科學技術的進步，部分資源在確立產權時的費用也在逐漸下降，這就使得技術成為推動產權制度演變的一個重要因素。例如，個人電腦和互聯網技術的快速發展之所以能夠極大地促進互聯網相關的創業活動，主要原因之一在於創業者可以通過極低的費用輕鬆地為其設計的軟件、程序申請相關的軟件著作權，依靠法律手段來保護這些知識產權。

不過，技術因素只能夠在某些方面解決產權的歸屬問題，並不能完全將產權變為完全排他性的私人權利，僅讓無形資源的產權所有人享有資源帶來的全部收益還只是停留在理論層面。究其原因，主要包括以下兩個方面：首先，儘管隨著社會的變遷，產權保護的方法層出不窮，但是產權保護技術的進步也意味著費用的提高。例如，縱觀全世界的知識產權保護法律，措施不可謂不嚴格，但是侵犯知識產權的案件卻屢屢發生，這說明縱然知識產權的保護力度已然達到一個較高的水平，不過由於實現產權確立的相關技術需要付出更多的成本，無形資源產權的保護力度遠低於實物財產的保護力度。其次，對任何團體和個人來說，創設和實施所有權的費用可能超過收益，而這又或多或少與技術有關。[1]

8.1.2 資源的稀缺程度提高

稀缺資源具有價值是一個公認的真理，對於尚未確立產權的稀缺資源而言，由於劃定其產權的歸屬所發生的成本往往是

---

[1] 諾斯. 西方世界的興起 [M]. 張炳九, 譯. 北京：學苑出版社, 1988: 6-7.

一個單調遞減函數①，該資源價值的增加必然會使產權界定的收益大於產權界定的成本。例如，20世紀80年代中國市場上並沒有礦泉水這類產品，但是隨著工業經濟的發展和水資源的逐步污染，那些尚未被污染的水源成為稀缺資源，並被企業進行瓶裝和銷售。稀缺就是經濟學所要解決的眾多問題之一，不同時代和學派的經濟學家對於資源稀缺性問題的解決也不盡相同。例如早期經濟學家認為應該充分利用市場機制來分配稀缺資源，而新制度經濟學派則認為資源稀缺性問題來源於產權的稀缺性，只要能夠解決產權的歸屬問題，資源稀缺性問題就能得以解決。同樣，稀缺性是無形資源的特點，其產權確立也成了必然的結果。

8.1.3　要素和產品相對價格的長期變動

嚴格地說，生產要素、產品的相對價格並不是產權制度產生的直接原因，而是產權制度發生變遷的主要原因。生產要素價格的提高會刺激要素的產權所有者去獲得更高的收益，那麼他就希望通過更加嚴格的產權制度安排來保證他能夠鎖定該生產要素帶來的全部收益。同樣，產品價格的提高也會帶動相關的生產要素所有者的獨占所有權的想法。仍以人力資源為例，人才市場中高技術人才工資的不斷上升促進了這些人才的流動，也就是所有者不斷確立和變更產權關係的行為，這正如房屋價格的不斷提高也會導致土地所有者確立和變更土地產權。事實上，產權制度改變、資源利用效率和要素產品相對價格變動是互為因果關係的。也就是說，如果要素產品相對價格變動不能帶來產權的變動，那麼就不會出現帕累托均衡，即資源的低效率開發。由此可見，無形資源價值的提升能夠促進其產權的確

---

① 盧現祥. 新制度經濟學 [M]. 2版. 武漢：武漢大學出版社，2012：70.

立，並能進一步提高企業的生產效率。

8.2 產權的內涵與特徵

8.2.1 產權的內涵與外延

研究的學科領域和視角，決定了產權定義的差異。一個被廣泛認可的產權定義為：產權是一種經濟關係，它被用於限制人與人之間的經濟行為，產權所決定的特殊經濟關係往往會決定與資源相關的各種經濟活動。有學者將財務學維度的產權稱為「財權」[①]，它作為產權權利束中直接涉及財務管理的一系列權利配置，直接影響著企業的各種財務活動和財務關係。作為一種經濟行為的規範，經濟社會中的每個成員都必須遵守產權確立的相關制度，否則就會導致違約成本的產生或經濟效率的低下。產權制度安排的結果會對企業乃至整個經濟社會的價值創造產生不同的影響，例如當員工個人完全擁有其自身的人力資源收益權時，其經濟效率會明顯不同於個人與企業分享人力資源收益權時的經濟效率。

從財務視角來審視產權問題，可以發現企業的資源獲取和資源的產權確立過程是統一的。例如，企業必須支付一定的資金或其他成本，才能通過契約形式獲得某項資源的使用權和收益權，這在價值上表現為資源形式的轉換。由此可見，當代企業的資本來源是由不同的利益相關者締結的不同形式的財務契

---

① 伍中信，朱焱，賀正強. 論以財權配置為核心的企業財務治理體系的構建 [J]. 當代財經，2006 (10)：111-114.

約而共同構築的複雜資本結構。① 各種資源配置會對價值產出效率產生不同的影響，例如賦予了資源所有者完全的排他權，那麼這種具有排他性的私有產權能在一定程度上提高資源的產出效率。不過，對於企業無形資源這類無法實現完全排他性的產權配置，其產出效率的提高還需要通過其他方法。另外，不論是個人還是企業，其對資源的權利不是永久不變的，產權不是絕對的，並且能夠通過個人的行為改變產權的配置。

經濟學的全局觀賦予產權的一個主要功能便是引導外部性問題在內部解決，也就是提高經濟社會整體的運行效率。不過從財務學來看，具備產權屬性的資源在資本化之後，能夠促進作為經濟人的資源所有者追求資源的價值最大化。當然，這其中也隱含了與財務學緊密相關的價值分配問題。

除此之外，產權能夠解決激勵問題。產權存在的臨界條件同樣是一種經濟學意義上的均衡：界定產權發生的成本與產權形成之後產生的經濟流入相等。也就是說，當且僅當某項資源的產權確立後給其產權所有者帶來的收益能夠大於確立產權時發生的成本，產權所有者們才有經濟激勵去完成產權制度安排工作。產權制度安排的原因在於保證人們遵守這一制度安排，從而令資源帶來的經濟利益得到有效的分配，最大限度地促進經濟增長。對於企業而言，產權激勵具有其他激勵方法無法比擬的持續性等優勢。產權的激勵功能對於無形資源而言尤為重要，由於無形資源產權存在分離性，產權的激勵作用能夠有效地促進資源持有人創造更大的價值。

---

① 張先治，袁克利. 公司治理財務契約與財務控制 [J]. 會計研究，2005 (11): 21-25.

8.2.2 產權的特徵

（1）產權的完備性和殘缺性

完備的產權應該包括使用資源的各種權利，所有與資源相關的權利構成了「權利束」（bundle of right）。對於有實物形態的資本或物質而言，依附於它們的權利束代表了資源或物質的交易價值。與資源相關的權利束包括排他權、收益權、讓渡權等，如果將這些權利全部集中，賦予同一個人，那麼此人就擁有了資源的全部產權。當然，資源的產權所有者並非每次都能獲得與之相關的權利束，一般而言，只要產權人能夠獲得資源的排他性的使用權和收益權，以及無障礙轉讓權，那麼就可以稱產權人獲得了資源的完備產權。如果這三項權利中有部分沒有獲得，就說明產權人所得到的產權存在殘缺性特徵。

然而，資源的完備產權只是一種理論上的提法，在日常經濟活動中的產權都是不完備的。並不完整的產權主要是由產權確立的費用問題和法律管製造成的，前者在前面已經介紹過。需要強調的是權利束中的各種權利實際上都需要花費一定的成本，一旦成本偏高，產權所有人自然會放棄高成本的權利。后者往往是國家制定的相關法律法規對完備產權的限制，中國土地的國家所有制便是最好的例證。完備性的權利束雖然無法在現實中出現，但是收益權、控制權等一些重要權利的獲得同樣可以幫助產權人獲得足額的經濟利益。也就是說，殘缺性的產權並不是一無是處的，這一點對於無形資源產權而言十分重要。

（2）產權的排他性與非排他性

排他性為產權所有者自由支配資源提供了機會，產權的激勵作用部分來自於其排他性的特徵，這是因為產權可以為資源所有者帶來全部的收益與成本。排他性專指資源的產權所有者能夠決定如何處置該項資源，不論是控制、收益還是進行轉讓，

非產權所有人都無法獲得與資源相關的權利。產權的排他性實際上把資源的投入產出和風險問題結合在了一起，使得資源所有者具備較強的動力去發掘那些最大化資源價值的使用方法。

與此相反，如果產權並不是排他性的，那麼該資源往往屬於公共資源，會因為產權的無法界定產生低效率的資源配置行為。與非排他性相比，擁有排他性產權的資源對於所有者來說意味著他可以選擇最佳的途徑使資源獲取最大利益，並且所有者能夠實現這種最大利益；而非排他性的資源則會因為集體理性與個人理性的衝突使各個所有者都無法實現最大利益。

與產權完備性類似，經濟社會中的排他性產權也並不是全部資源都具備的，非排他性產權一旦出現在某一領域，經典的「公地悲劇」問題就會反覆上演。排他性不全面產生的緣由與完備性類似，首先是排他性權利的確立成本較高，其次是技術層面的阻滯使部分資源無法建立排他性權利，最后則是排他性並不適用於任何資源，也就是說只有公共產權適合於某些領域。

（3）產權的可分解性與可轉讓性

產權的可分解性指特定資源的各項產權可以分屬於不同主體的性質。對於資源而言，往往都包含不止一種用途或屬性，因此可將其視作不同屬性的結合體，而當資源的各種屬性籠統地歸於同一個人所有並不一定最有效率。這就是某一資源組成所有權的各種權利或屬性要分配給不同人的主要原因，同時也就產生了產權的可分解性。產權分解的社會條件是分解必要性條件，也就是社會生產力發展水平與生產關係的矛盾所導致的。具體來說，其取決於以下兩個方面：第一，資源所有者擁有的資源對產權行使能力的要求與所有者自身所具有的能力之間的相對狀況；第二，所有者對自己具備多重權能與由別的主體去行使部分權能的得失權衡。

分解資源的產權實際上給經濟發展增添了新的活力。其原

因在於：第一，連續和大量的產權分割之后成為碎片化產權，促進了個人獲取產權的積極性。第二，現代公司制度來源於產權的可分割性，正是由於企業所有者僅承擔有限的償債義務，企業成了經濟社會的生產細胞。第三，分割的產權為金融市場的出現和發展提供了契機，許多金融產品和衍生工具都是在此基礎上誕生的。第四，產權的可分割性大大降低了產權運作的成本。產權的現實分解是在可分解性前提下適應社會經濟、企業生產條件而在不同主體間分割產權，實際上是在原有產權制度的基礎上做出的產權關係調整，是產權的重新安排。

可轉讓的產權需要產權所有者與接收方簽訂相關的契約，雙方根據契約規定將產權對外轉移。產權的可轉讓性也是提高資源使用效率的手段之一，因為通過不斷轉換產權所有者，資源最終會歸屬於能夠最大化資源收益的所以者。如果國家的產權制度不允許進行產權轉讓，那麼資源往往無法實現最優的使用。

對於企業而言，產權權利束所包含的可分解和可轉讓的權利不僅能夠使企業的生產經營更加活躍，還可以幫助企業將那些能創造大量現金流入的資源「收歸己用」，實現公司價值的最大化。此外，資源產權的可分解和可轉讓性能夠實現高效的資源使用決策和市場交換結果。

（4）產權的延續性和穩定性

如何保證產權制度的長期性和有效性是制度安排過程中的重要問題，其核心在於產權如何保持穩定性和延續性。產權的激勵效果實際上取決於產權制度本身的持久性，也就是產權的穩定性和延續性。從長遠來看，人們累積資源或財富的動機實際上取決於對未來的預期。如果未來風險很大，那麼人們就失去了累積資源或財富的積極性。另外，制度層面的穩健能夠在一定程度上促進經濟社會的穩定發展。

穩定產權制度的存在是為了解決資源使用過程中產生的利益衝突，利用產權方式能夠將不同個人之間的利益進行隔離，達到一種穩定的狀態。一旦產權制度被確立並由國家法律所保證，那麼交易、契約就會按照產權安排的模式進行，並自行解決存在的利益衝突，實現經濟的高效運行。

8.3　無形資源的產權配置

企業所擁有的資源來自於不同資源所有者，不同資源的產權主體以不同形式參與企業的經營、管理和戰略決策等活動，以實現各自的價值增值目標。從戰略角度來看，企業擁有的資源應能幫助其拓展新的價值創造機會、獲得超越競爭對手的優勢。合理的產權配置能夠幫助企業牢牢掌控關鍵資源和專有性資源，實現公平與效率，提升其價值創造能力。此外，企業的產權配置還能有效解決企業的激勵和分配問題。產權不僅僅是經濟學的研究對象，其對財務學同樣顯得舉足輕重：產權不僅關係著公司治理問題和利潤分配等財務學關注的重點問題，而且關係到財務學的本質、企業財務管理目標等財務基本理論問題。

企業產權問題的核心是產權制度安排、激勵與價值創造，即企業如何通過最合理的產權制度安排對組織成員進行激勵，從而實現利益相關者價值最大化的目標。如果用財務學語言來描述，企業就是各種不同財務契約的集合①，不同財務契約之間的耦合作用保證了不同利益相關者之間的穩態關係。當然，財務契約中各個締約方的權利安排不對等現象也是存在的，其結

---

① 賀正強．雙重屬性財務契約論 [D]．長沙：湖南大學，2008：26-27．

果就是出現利益衝突，利益衝突的解決便使新的財務契約形成。此外，無形資源的異質性特徵，即這類資源所有權、控制權、使用權和受益權的分離，會在一定程度上加重企業中不同資源產權主體的利益衝突。

8.3.1 資源產權和屬性

基於產權視角，交易費用和不同制度安排下的產權配置將導致不盡相同的收益水平，交易費用與產權的內在聯繫使得人的行為、績效、收入分配結構等發生著各種變化，企業需要在不同產權安排中做出合適的選擇來實現價值的最大化。

資源是多重權利和屬性的集合體，資源屬性可以看作資源的使用價值。[1] 企業需要通過資源的「屬性」來獲利。資源所包含的使用權和收益權對於企業同樣重要。經濟學和財務學意義上的產權含義實際上是資源的使用權、收益權等，並沒有涉及資源本身的歸屬問題。這與法律對產權的規定有所不同，法律只是基於資源的歸屬而不是資源的使用權和收益權，從而出現資源在法律上的所有權和經濟上的所有權的不一致性。經濟上的所有權反應「所有者」實際控制資源創造價值的能力，它最終決定「所有者」通過資源能夠獲取的價值。對於企業而言同樣如此，資源本身並不能直接為企業帶來價值，企業首先需要通過契約鎖定各種資源，獲得資源的使用權和收益權，使其成為企業所擁有的能夠在未來創造現金流量的資本。由此可見，財務學對各種財務資源的研究前提是企業必須掌控這項資源的產權，即使用權與收益權。

不過，由於資源屬性的多重性，財務契約無法涵蓋資源的全部屬性。即使資源的產權權利束相同，不同的交易契約實際

---

[1] 盧現祥.新制度經濟學 [M]. 2 版. 武漢：武漢大學出版社，2012：265.

上意味著明確規定的資源部分產權和未明確規定的資源部分產權的不同組合。在交易的過程中，資源產權權利束中的各種權利會發生分散，即產權配置，不同的產權配置會導致不同的經濟后果。對於無形資源而言，作為使用方的企業和持有方的個人都希望各自的利益最大化，因此如何形成有效的帕累托均衡需要雙方制定出合理的契約。

8.3.2 無形資源產權的獨特內涵

所有權與產權在一定程度上等同，即所有權就是完整意義上的產權，其中包括對資源的排他性使用權、收益和轉讓的權利。當然，實踐中普遍存在的委託代理關係使公司制企業難以存在完整的所有權。為了更好地解釋企業所有權，剩餘索取權和剩餘控制權被學者們用來描述企業內部的產權問題。剩餘索取權指產權所有者對企業所獲得的總收入扣除生產管理過程中耗費的成本之后剩餘部分的獲得權利。[①] 剩餘控制權專指契約沒明確規定的權利，或契約中未特別指定的活動的決策權。[②] 這兩種權利都具有排他、可分割、可交易等產權的基本特性，它們共同構成了財權中最重要的收益權。

傳統意義上的資源主要包括資金、固定資產等有形資源，這些資源的剩餘索取權和剩餘控制權一般都集中在資源所有者手中。有形資源具備實物形態，其所有者能夠獲得完整意義上的產權。然而那些不以實物形態存在的無形資源由於必須依附於個人或組織，因此難以形成完整的產權，這一現象最好的例證就是企業無法對知識、技能進行雇傭，只能通過招聘員工來

---

① FAMA, JENSEN. Separation of Ownership and Control [J]. Journal of Law and Economics, 1983 (26): 309.

② 哈特. 企業、合同與財務結構 [M]. 費方域, 譯. 上海：上海人民出版社，1998: 36.

獲得人力資源。當然，對於無形資源的產權理解同樣離不開剩餘索取權或剩餘控制權，不過具體屬於哪一種，學術界還存在著爭議。本書則認為，剩餘索取權和剩餘控制權具有較高的關聯性，甚至可以認為這兩種權利是統一的，一旦沒有將這兩種權利分配給同一個受益人，企業的激勵制度就會扭曲而無效。如果只有剩餘控制權而沒有剩餘索取權，組織成員就會因為缺乏必要的收益而出現激勵無效；在情況與此相反時，組織成員就會只顧實現個人利益最大化而罔顧企業資源的浪費。當然，在現實的企業實踐中，剩餘索取權和剩餘控制權相分離的現象還是經常出現的。

無形資源與有形資源的最大區別在於前者沒有實物形態，必須直接或間接地依附於個人，以人為載體，它天然地依附於人使得企業無法獲得這些資源的完全所有權，只能通過契約的方式獲取無形資源的部分收益權與控制權。作為無形資源所有者的個人天然地獲得了該資源的剩餘控制權，並根據契約享有部分的剩餘索取權。這一契約能夠在一定程度上保持無形資源所有者與企業之間的利益平衡。不過隨著無形資源所創造價值占企業總價值的提升，原有契約所形成的短暫平衡也將被打破，從而出現新的利益衝突。

8.3.3 無形資源對企業產權配置的影響

資源的稀缺性決定了人們對資源權屬的界定。從產權角度來看，任何經濟問題都是交易費用與產權確立的問題。在科斯的零交易費用的世界，所有者的特性不會影響資源配置的后果。不過現實經濟並非總是如此，尤其是進入資訊時代之後，信息的泛濫化進一步提高了信息處理的成本，從而致使任何交易費用都不可能為零，這就必然會導致產權問題的產生，進而將影響資源配置的效率和效果。從某種意義上來說，資源產權的交

易和分配才是經濟學和財務學研究的主要對象，而不是商品的生產和交易。產權交易與商品交易相比，更有利於揭示經濟運行的規律與資源配置。企業產權配置的核心問題在於如何通過產權的分配提高企業經營管理的公平性和效率。隨著無形資源這一特殊產權屬性的資源在企業價值中所起的作用越來越大，與之相關的產權交易必然會使企業組織的產權配置發生劇變。從理論的發展和實務界所發生的變化來看，無形資源對企業產權配置帶來的影響主要體現在以下三個方面：

第一，「資本強權觀」已難以適應無形資源的產權配置要求。本章開頭所提及的第一個問題便是主流的經濟理論和企業理論所堅持的「資本強權觀」。這一觀點認為企業的所有者天然屬於貨幣資本所有者（即股東），因此股東也理所當然地享有企業的剩余索取權。按照這個思路，理論界和實務界針對企業的代理問題設計了股權激勵等制度以應對企業經營者的各種機會主義行為。這些制度的實質是企業所有者（股東）處於自利目的而向企業員工支付的對價。[①] 不過在現實經濟環境中，股權激勵制度的實施會產生新的道德風險問題：管理層對所持有的公司股票進行套現，甚至通過不適當的盈餘管理來操縱股價以獲取利益。經濟、社會環境的變遷使得「資本強權觀」和「股東利益至上」已與時代格格不入，企業產權配置問題急需新的理論基礎來支撐。

第二，企業的產權配置應進入「利益相關者」（stakeholder）產權配置觀的時代。利益相關者產權配置觀的產生基於兩個原因：首先，新的經濟環境下無形資源所凸顯的價值創造作用使其產權所有者擁有更多的產權配置話語權。正如本書在理論基

---

① 向顯湖，鐘文. 試論企業經營者股權激勵與人力資本產權收益 [J]. 會計研究，2010（10）：69.

礎部分所討論的，企業的價值增值均是由參與經營管理和業務流程的員工所創造，不過在固定資產等有形資源占比較高的行業中難以得到清晰的體現。隨著科技的發展及新興行業不斷湧現，無形資源成為許多企業市場價值的源泉。以美國網路社交公司 Facebook 和推特（Twitter）為例，這兩家公司的市值分別達到 2,041.91 億美元和 288.47 億美元，而它們 2013 年年末的固定資產帳面價值僅占總資產的 16% 和 10%。兩家公司 2013 年的資產負債表概要如表 8-1 所示。

表 8-1　Facebook 公司和 Twitter 公司 2013 年資產負債表概要

單位：百萬美元

項目	Facebook 公司	Twitter 公司
流動資產		
現金及等價物	3,323	841
有價證券	8,126	—
短期投資	—	1,393
應收項目	1,109	247
收入返稅	51	—
預付及其他流動資產	461	93
流動資產合計	13,070	2,575
固定資產淨值	2,882	332
無形資產及商譽	1,722	441
其他資產	221	18
資產總計	17,895	3,366

可見，一方面，人力資源、組織資源和關係資源等為企業創造新價值的無形資源正是由員工個人及他們組合構成的企業組織所創造的，參與經營管理和業務活動的員工個人在企業價值創造中占據了越來越重要的地位。另一方面，企業經營本金

的提供者——股東在價值創造中的作用在逐步下降，因此，股東佔有全部剩余收益也顯得不合理。

其次，對於無形資源直接或間接的載體——員工而言，他們為了維持無形資源的存量額度，也會進行資源的專用性投資，其結果便是員工對企業的依賴性逐漸增強，從而也提高了員工的專用型投資風險。這些員工理應獲得相應的剩余控制權和剩余索取權以補償其所面臨的專用型投資風險。

第三，企業利益相關者應根據其對企業價值貢獻度重新進行產權配置。從契約角度來看，企業是相關利益方之間的一系列多邊契約的組合，所有利益相關者都是企業契約的主體，其中包括各項無形資源的載體。契約存在和執行是契約簽訂者之間達成某種協議的后果，是完全的經濟現象，而不是行政命令。因此契約理應符合經濟規律的發展和變化，向無形資源所有者出讓相應的剩余索取權甚至控制權。實際上，無形資源所有者與有形資源所有者在訂立契約時都是企業的投資者，儘管存在談判能力、作用大小等方面的差異，但作為企業的資本主體，他們之間並沒有本質區別。

8.3.4 無形資源產權的衝突及協調

無形資源的產權與企業的激勵、個人的經濟行為之間存在著密切的內在聯繫：企業與無形資源所有者之間簽訂了契約之后，企業獲得無形資源的使用權和部分收益權，個人所保留的部分收益權能夠激勵個人進行價值創造。在企業中，經濟人的利己性使組織員工和組織之間必然存在利益衝突，企業必須確定恰當的產權制度安排來化解這些利益衝突。為了共同追求價值的最大化，並不損害企業利益，企業需要通過契約與人力資源、組織資源和關係資源的所有者合理分配不同形式的收益權、控制權產權，以實現產權（剩余索取權和剩余控制權）的統一。

企業內部不僅要解決股東與管理者之間的委託代理問題，還需要解決無形資源所有者與有形資源所有者之間因信息不對稱造成的道德風險、逆向選擇等問題。

由於目前的價格機制並不能反應無形資源的實際價值，這必然會造成無形資源與有形資源所有者之間的衝突，從而使企業難以實現公平與效率的平衡。無形資源產權配置失當所產生的負面影響主要包括以下三個方面：

第一，無法產生激勵效應。儘管企業會通過各種支付形式向資源所有者提供薪酬等回報，但是這些支付金額並不等價於無形資源所創造的價值，也就是通過支付金額對無形資源進行全面而準確的估價幾乎是不可能的。那些擁有無形資源的員工一旦無法獲得與其貢獻程度相當的企業產權，必然會降低工作努力程度或產生機會主義行為。消極怠工、搭便車的現象會在企業中蔓延開，從而抑制企業的持續創新動力，影響企業的持續經營能力。

第二，委託代理問題更加嚴重。委託代理問題產生於經營權和控制權的分離所導致的信息不對稱、目標不一致等。當出現員工和管理層向企業投入無形資源卻無法獲得相應的企業產權時，將會進一步使有形資源所有者（主要指股東）和無形資源所有者（員工和管理層）在企業的經營利益分配上處於更加對立的狀態，因此企業的委託代理問題將更加嚴重。

第三，無形資源的浪費和累積限制。獲得資源的某種屬性或權利就需要付出不同的成本，但是交易者所支付的成本往往都是簽訂契約的雙方能夠共同確認的成本。以勞動合同為例，勞動合同是企業為了獲取作為商品的無形資源與員工等資源所有者簽訂的契約。企業必然會竭盡所能去獲取人力資源、組織資源和關係資源創造的最大價值，不過員工也會讓自身得到更多利益。如此一來，在交易中無形資源的某些屬性（使用價值）

必然未被明確規定（unspecified attributes），成為「剩餘屬性」（residual attributes），剩餘屬性往往會成為無形資源的契約簽訂雙方競相爭奪的對象。例如，企業會盡量爭取讓員工增加工作時間、擴大工作範圍，以獲取更多的無形資源。而員工必然會利用自身所掌控的資源為自己獲取利益。同時，隨著無形資源的浪費，企業無形資源的累積也會變得更加困難。如此一來企業內不同資源提供者的矛盾就會加劇。

　　除此之外，不同於資金等有形資源，無形資源所有者的剩餘控制權和剩餘索取權在一定條件下會發生分離，而它們的不統一會造成廉價投票權（張維迎，1995）。這一問題在中國國有企業中普遍存在，公有制的法權體系限制了個人擁有生產資料，即法律上無形資源所有者的剩餘控制權和剩餘索取權是被否定的。不過個人天然擁有無形資源的剩餘控制權使得這兩種權利發生了分離，並導致無形資源所有者對國有資產的保值增值問題漠不關心，影響企業整體運作效率。

　　對於企業而言，如果要解決無形資源的產權衝突，就必須通過合理的契約，劃分有形資源與無形資源所有者之間的產權歸屬，摒棄「資本強權觀」，使產權在不同資源所有者之間按照價值貢獻程度進行分配，才能消除上述種種產權衝突，改善企業內部的公平與效率狀況，提高企業的價值創造能力。在企業管理實踐過程中，不同企業的主營業務、經營狀況和發展歷程都不盡相同，因此具體的產權配置方法也不可能完全一致。下一節擬討論的阿里巴巴集團的「合夥人制度」，就是該集團在發展過程中不斷累積經驗而創造的新型產權分配方式。

8.4　案例分析：阿里巴巴的上市之路

8.4.1　問題界定與案例選取

本章對無形資源產權的內涵和外延等相關問題進行了充分的討論。從理論角度來看，隨著無形資源的價值創造能力逐漸提升，無形資源所有者理應獲得相應的資源產權。不過，正如本章提出的第二個問題，當企業價值主要由員工具有的無形資源創造時，剩餘控制權和剩餘索取權應該如何在這些員工和有形資源所有者之間進行分配？產權進行分配之後，企業是否能夠保持原有的價值創造能力和市場競爭力，也值得進一步分析。

根據理論基礎和本書的研究目的，本書應選擇這樣的案例樣本：①樣本企業不屬於傳統的製造業等固定資產占比較高的行業；②樣本企業的市場價值主要由其無形資源創造；③樣本企業產權配置以無形資源所有者為主導；④樣本企業的相關信息和財務數據能夠通過公開渠道獲取。本書對互聯網行業企業進行了篩選，發現阿里巴巴集團符合案例的選擇標準。集團的主營業務圍繞在線交易和電子商務相關服務，伴隨著中國互聯網的迅速普及，阿里巴巴集團的迅速崛起與中國互聯網的快速發展相得益彰。由集團創始人團隊設計、開發和營運的淘寶C2C交易平臺、天貓B2C交易平臺和阿里巴巴B2B交易平臺給阿里巴巴帶來了巨大的經濟效益。儘管集團在業務擴張中多次進行股權擴容，但是集團的控制權仍然牢牢掌握在創始人團隊手中。

8.4.2　案例背景介紹

成立於1999年的阿里巴巴集團是中國境內乃至全球最大的

電子商務在線交易平臺，業務包括 B2B 貿易、B2C 網上零售、C2C 在線交易平臺、購物搜索引擎、第三方支付和雲計算服務等。集團下屬 11 家子公司，包括阿里巴巴 B2B[①]、天貓、淘寶、支付寶等。其中，與普通消費者密切相關的淘寶、天貓和聚劃算團購平臺的銷售額在 2013 年達到 1.542 萬億元，在這幾個平臺上有 2.31 億活躍買家和 800 萬活躍賣家[②]，這一銷售數據超過電商網站亞馬遜和易貝（eBay）之和，成了全球最大的「集市」[③]。

自 2013 年 7 月以來，就有消息傳出阿里巴巴集團有意整體上市，最初該集團將香港作為其 IPO 的首選地點。不過由於香港聯交所並不認可阿里巴巴異於普通上市公司的「合夥人治理制度」，拒絕了其上市請求。阿里巴巴轉而宣布在 2014 年赴美國上市，並已經數次提交了招股說明書等相關上市文件，以詳細解釋其架構、歷史關聯交易和「合夥人治理制度」。2014 年 9 月 19 日阿里巴巴在紐約證券交易所上市，當日以 93.89 美元收盤，上市首日大漲 38.07%。以該收盤價計算，阿里巴巴當前市值接近 2,400 億美元，超越 Facebook 當日收盤后 2,023 億美元的市值，成為位列蘋果、谷歌、微軟之后的全球第四大市值科技公司，更是僅次於谷歌的全球第二大市值互聯網公司。

阿里巴巴的「合夥人治理制度」創始於 2009 年，是由該集團的「創始人制度」演化而成的。合夥人在阿里巴巴集團實際上是核心管理者，擁有較大的戰略決策權。這一制度與雙重股

---

① 阿里巴巴集團將 B2B 業務整合於 2007 年 11 月在香港聯交所主板掛牌上市，於 2012 年 6 月退市。
② 數據來自阿里巴巴公司上市文件。
③ 資料來源於經濟學人雜志網路版：http://www.economist.com/news/briefing/21573980-alibaba-trailblazing-chinese-internet-giant-will-soon-go-public-worlds-greatest-bazaar。

權結構（dual class）公司類似，不過也存在一些新的特點，例如其他股東仍然擁有一些事項的完備投票權，包括不受任何限制選舉獨立董事的權利、重大交易和關聯方交易的投票權等。阿里巴巴為合夥人設定了一系列的標準：在公司工作5年以上，具備優秀的領導能力，高度認同阿里巴巴的公司文化和價值觀等。新的合夥人當選后，並無任期的限制，直到該合夥人從阿里巴巴離職或退休。阿里巴巴集團在招股說明書中解釋稱，之所以堅持合夥人制度，是因為「保持合夥人精神，將確保公司使命、願景和價值觀的可持續性」。

8.4.3 案例評析

（1）阿里巴巴集團無形資源分析

截至2013年年末，阿里巴巴集團就已經成為全球最大的移動和在線電子商務公司。不同於其他電子商務企業，儘管該公司各電商交易平臺中的商品銷售額超過了全球其他電子商務企業，但是其並不通過直接銷售商品來獲取利潤。阿里巴巴集團的收入主要來源於該公司構建的幾大第三方在線交易和支付平臺收取的手續費和服務費：淘寶網、天貓商城、聚劃算團購、支付寶和阿里巴巴。其中，淘寶網是C2C和小規模企業的B2C交易平臺，天貓商城是小規模以上企業的B2C交易平臺，聚劃算團購是大眾團購信息發布平臺，支付寶是支付結算的第三方支付平臺，阿里巴巴則是B2B的批發交易平臺。從業務結構上來看，阿里巴巴集團已經完成了電子商務相關的生態系統構建：根據不同類型的買方和賣方需求建立了不同的交易平臺，並且推出了第三方支付系統，降低了在線交易中買賣雙方的交易風險。

隨著交易量的不斷提升，買賣雙方對阿里巴巴各平臺的黏性也逐漸提高。在此基礎之上，阿里巴巴建立了中國在線交易

的市場標準，包括消費者保障計劃、市場交易規則、賣家資格標準、買方和賣方評級系統等，並在此基礎之上向企業和消費者提供相應的技術和諮詢服務。這些在線交易平臺組成了消費者、商家、第三方服務機構等的生態系統，而阿里巴巴站在這個「生態系統」的頂端擁有規則制定和規則管理的權力，這無疑使其獲得了巨額的持續收入來源和可持續發展的機會。目前，這個「生態系統」已經初具規模，阿里巴巴集團所需做的主要工作就是不斷完善和改進，使「生態系統」持續發展下去。

可見，阿里巴巴集團的價值來源主要是幾個不同的在線交易平臺和第三方支付平臺，按照本書的概念定義，可以將這些平臺納入依附於企業的組織資源和關係資源範疇。而組織資源和關係資源則是由其創始人團隊和員工的人力資源創造和衍生而來的。

阿里巴巴集團合併財務報表相關項目顯示（表8-2），該公司的固定資產和設備占總資產的比重呈逐年上升的趨勢，從2010年的3.99%升至2013年的5.97%，不過其增幅遠低於2010—2013年主營業務收入70%的平均增長率。這說明阿里巴巴集團的有形資源所創造的價值十分有限，更多的市場價值由無形資源創造。另外，在支出項目中，銷售費用、管理費用和研發費用等與無形資源投資成本相關的支出較高，其主營業務成本也是以客服員工、網路操作人員、技術人員的薪資、獎金、福利以及顧問費用等人力資源投入為主。如果將這些成本費用進行加總，可以發現在2010年該公司在無形資源方面的投入甚至達到其主營業務收入的90%以上。而雖然2013年公司主營業務收入大幅上漲，但為無形資源所支付的成本仍然占據主營業務收入的60%。

表 8-2　阿里巴巴集團 2010—2013 年部分合併報表項目一覽①

單位：百萬元

資產負債表項目（部分）				
	2010 年	2011 年	2012 年	2013 年
資產總額	41,707	37,830	47,210	63,786
現金、現金等價物及短期投資	14,643	15,940	21,744	32,686
金融資產和長期股權投資	2,250	3,933	2,483	2,426
固定資產與設備	1,666	1,905	2,463	3,808
商譽	11,518	11,846	11,791	11,628
利潤表項目（部分）				
	2010 年	2011 年	2012 年	2013 年
主營業務收入	6,670	11,903	20,025	34,517
主營業務成本	1,634	3,497	6,554	9,719
銷售費用	2,335	3,154	3,058	3,613
管理費用	1,000	1,724	2,211	2,889
研發費用	1,135	2,062	2,897	3,753

（2）阿里巴巴集團產權配置狀況

根據阿里巴巴集團上市文件的描述，早在該公司成立之初的 1999 年，其就確立了獨特的合夥人制度。儘管 1999—2004 年，公司多次獲得戰略投資者入股，但是合夥人制度被視作集團的基本治理制度和發展基石而被一直保留並加以發展。阿里巴巴的重大決策、企業文化、相關制度等都是圍繞著合夥人制度形成的。

---

① 該報表項目均以每年的 3 月 30 日至下一年的 3 月 31 日作為年度會計期間。

阿里巴巴集團的合夥人由 22 名該集團的管理人員和 6 名關聯企業管理人員組成。合夥人需要滿足一定的任職條件，也並不是終身制。公司每年都會通過現有合夥人提名並投票決定是否接納新的合夥人。另外，合夥人中有 5 名成員組成合夥人委員會，負責管理合夥人選舉和分配非高管合夥人的薪酬。合夥人委員會的成員任期是 3 年。

　　阿里巴巴上市后股權結構如圖 8-1 所示。

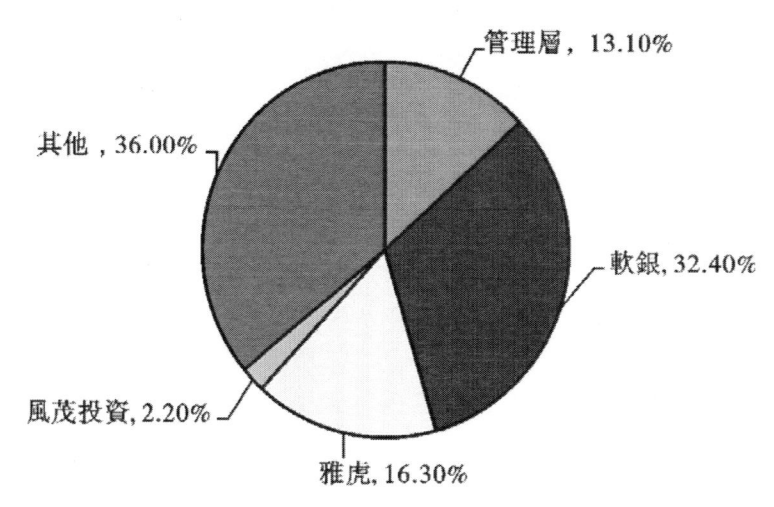

圖 8-1　阿里巴巴上市后股權結構一覽

（管理層，13.10%；軟銀，32.40%；雅虎，16.30%；風茂投資，2.20%；其他，36.00%）

　　合夥人擁有提名集團董事會成員的權利，而董事會成員將由股東大會投票選舉產生，如果在經營過程中出現董事空缺，合夥人可以任命臨時董事，直至下次股東大會選舉出新的正式董事。根據阿里巴巴集團的合夥人制度，我們可以發現該公司的大部分合夥人除了擔任高管之外，還對公司董事會具有重大的影響力。根據《企業會計準則》中對控制的相關規定，阿里巴巴的合夥人團隊實際上構成了對公司的控制，即通過參與企業的相關經營活動而享有可變回報，並且有能力運用自身權利影響其回報金額。也就是說，儘管阿里巴巴集團的合夥人團隊只擁有公司的少量股權，但是卻能夠通過合夥人制度來獲取公

司的剩餘控制權和剩餘索取。

（3）阿里巴巴集團產權配置的經濟效果

阿里巴巴集團的合夥人制度下的產權配置的最大優勢就是能夠保持公司戰略方向的穩定和管理決策的一致性。雖然資本市場也對這種產權配置產生了一定的疑問，但是阿里巴巴大股東軟銀和雅虎於2014年9月27日先後表態，支持這一治理制度和產權分配方式。日本軟銀集團總裁孫正義對外發布聲明，稱「我們非常支持阿里巴巴的合夥人制度」。兩個小時後，雅虎人力資源及發展執行副總裁、阿里巴巴集團董事會董事杰奎琳·雷瑟斯表示，公司領導人可以堅持和傳承企業的文化，並用以制定未來的企業經營戰略，是非常重要的。

如果拋開阿里巴巴耀眼的財務數據，單從其發展歷程來看，該公司的每一次重大決策都幫助集團獲得了巨大的經濟利益和社會效益。1999年阿里巴巴網站建立。2003年由於「非典」的影響，中國國際、國內貿易受到極大的負面影響，而阿里巴巴正好提供了一個無須見面談判的網上交易平臺，這也促使當年公司銷售收入大幅上漲。由於中國商品銷售過程的中間環節多，成本較高，阿里巴巴集團於2003年和2004年分別推出的淘寶平臺和支付寶平臺，給普通消費者提供了一個購買廉價商品的機會，而支付寶交易平臺能夠提供先收貨、後付款的保障。在2006年之後，中國通貨膨脹率提高，商品零售價格也逐年上升，線上商品交易的成本優勢逐漸凸顯，這也使得淘寶平臺逐漸發展成為中國最大的C2C交易平臺。

可見，阿里巴巴集團所創造的經營奇跡與其高管團隊的戰略決策密不可分。儘管該公司的產權配置並不符合「同股同權」的原則，但是這種治理結構的確幫助企業獲得了快速發展的機會。

事實上，評價企業產權配置的有效性，其標準就是其能否

實現企業內部的公平與效率。楊小凱（1995）、阿爾奇安（1977）均認為，對於企業而言，一旦交易費用為正，那麼就必須將權力分配給那些能夠最有效率地使用權力的人，同時這些人還應該可以不斷進行自我激勵。也就是說，根據資源的貢獻度來合理、清晰地界定產權，是實現企業公平與效率、促進理想企業組織建立的途徑。具體來說，無形資源產權的合理界定有兩項良性效應：第一，優化員工的行為模式。由於產權的清晰劃分，收益分配體系也能夠獲得有形資源和無形資源所有者的認同，企業利益相關者能堅定對企業經營前景的信心，並降低員工的機會主義行為。第二，提高企業的整體運作效率。隨著無形資源產權的界定，企業的治理結構、內部管理、分配制度和競爭能力等方面均會得到改善，從而兼顧企業內部的公平與效率，使企業接近理想化的標準。

（4）可能發生的問題探討

阿里巴巴集團採用了一種全新的「合夥人制度」在有形資源和無形資源所有者之間分配公司產權並取得了較為理想的業績，這種產權分配方式也被一些科技企業模仿並推廣。不過，目前這種新型產權配置方式同樣也存在著以下亟須解決的問題：

第一，制度尚不完備。目前，不論是法律制度還是社會大眾都將「資本強權觀」和「資本雇傭勞動」作為一種認知常理，並沒有建立與無形資源產權相關的法規制度體系，在無形資源的出資方式、核算方式和產權保護等方面，尚沒有明確的法律規定。可見，目前建立無形資源產權所面臨的最大障礙就是制度缺陷，即制度建設滯后於無形資源產權的現實需求。對於阿里巴巴集團這類採用新型產權配置方式的企業來說，一旦出現產權糾紛，將很可能需要花費巨額資金去解決。

第二，能否從根本上解決委託代理問題。無形資源所有者獲得企業產權之后，所有權和經營權分離的情況會得到一定的

緩解，但是並不會在根本上使委託代理問題消失。實際上，委託代理機制本身就是一把雙刃劍，既可以提高企業經營效率，又有可能產生委託代理問題。以阿里巴巴集團的合夥人制度為例，儘管合夥人本身就是無形資源所有者，但他們仍然必須充當有形資源和其他無形資源所有者的代理人，掌握企業剩餘控制權，一旦存在受人所託、為人謀利的情況，就必然會出現委託代理問題。另外，管理人員的權力擴大如果沒有相關制度限制，同樣可能出現機會主義行為。因此，儘管無形資源產權建立能夠緩解原有委託代理問題，但是企業仍然需要通過制度建設來防止新的委託代理、機會主義行為等問題產生。

第三，是否會導致搭便車等機會主義行為。在企業內部制度和外部市場機制均不健全的情況下，由部分員工乃至全體員工共享企業產權很可能會產生員工搭便車等機會主義行為。因此，在員工共享企業產權時，企業必須建立有效的雙向監督機制，以產生更強的內部監督制約作用，使機會主義行為得到控制。同時，企業應使員工的產權收益和相互合作行為緊密相關，從而讓合作收益大於個人機會主義行為收益，以降低搭便車、怠工等行為發生的可能性。

第四，是否因為收益下降而出現有形資源所有者出逃或減少投資的現象。隨著無形資源所有者分享更多的企業產權，短期內有形資源收益相對於以前完全壟斷企業產權必然會存在一個收益下降的階段。對於有形資源所有者而言，他們必須意識到無形資源產權的建立是生產力發展規律決定的。隨著時間的推移，現實理性將會促使有形資源所有者接受無形資源所有者成為企業產權主體的事實。無形資源建立無形資源產權只是將原來處於隱性狀態的無形資源價值以企業產權形式顯性化而已。在合理分配產權的情況下，有形資源所有者的利益訴求同樣能夠得到滿足和保護。隨著產權的合理劃分和企業價值的提升，

有形資源所有者獲得的收益將會高於產權分配不合理的企業，因此長期來看，有形資源所有者不會採取抽逃出資或減少投資的現象。

（5）案例分析結論

目前，中國和中國香港資本市場都堅持上市公司「同股同權」的原則，並不允許出現雙重控股權的公司上市。不過，正如本書開頭所描述的，新興科技創新型企業大多會選擇雙重股權的治理結構來實現創始人團隊對公司戰略決策和經營管理的絕對控制。實際上，不論是雙重股權還是合夥人制度，都是解決無形資源的產權配置衝突的方式。這些制度安排能夠使企業無形資源所有者獲取相應的剩餘控制權和剩餘索取權。

選擇新型股權結構的企業往往都是新技術創業型企業，其創始人團隊在企業的早期崛起過程中起到了極大的作用。他們既是企業的所有者，也是管理層，甚至還是具體業務的實際執行人。隨著企業規模的日益擴大，企業一般都會遭遇資金瓶頸而限制其發展速度。初創期企業難以獲得債務融資，只能通過風險投資入股的方式獲取資金，這樣就導致了創始人團隊股權的稀釋。而企業上市之后，創始人團隊也會因為股權的進一步喪失而逐漸失去對公司戰略的決策權。於是，雙重股權結構應運而生，這一治理結構能夠保證創始人團隊即使不擁有企業過半數股份[1]，也可以實現對企業的掌控。

當然，不論是學術界還是實踐界，都有對這種新型治理結構的反對聲音。例如 Paul Gompers，Joy Ishii 和 Andrew Metrick 調查了 1994—2002 年的部分美國上市企業，他們並沒有發現具有雙重股權結構的公司表現優於同等規模實行平等投票權的股

---

[1] 實際上，很多雙重控股權的創始人僅控股 10%，就能實現對公司戰略發展方向的把控。

權結構公司。另外，也有人認為雙重股權結構的根本性缺陷在於其違背現代公司制度的股東治理結構，不利於股東利益保障，容易導致管理過程中獨裁發生的可能，從而產生嚴重的代理問題而加劇經營者的道德風險和逆向選擇。推行雙重股權結構的公司，其領袖往往都會浪費現金流，並且會去追求符合自身利益的目標，而不是追求股東利益。一旦他們做出了錯誤決定，所承擔后果也很有限。因此管理者的風險和權利並不對等：管理者獲得了大部分的投票權，卻僅需承擔小部分的經營失敗風險。

本書認為，風險和權利不對等的觀點並不正確，仍然停留在「資本強權論」的階段。首先，從無形資源的角度來看，創始人團隊在企業中投入了大量的人力資源，並逐步形成了企業的組織資源和關係資源。這些資源一旦成形，便開始為企業創造價值。以阿里巴巴為例，其早期搭建 B2B、C2C 網路交易平臺的創意是后期大獲成功的根本，創意來源於創始人所擁有的人力資源。也就是說正是該企業擁有的特殊人力資源幫助其獲得了成功，而后期貨幣資本的介入反倒顯得次要。其次，賦予新興企業創始人團隊所有權人身分，恰恰是解決代理問題的需要[1]：第一，有形資源所有者，即股東往往需要將企業大部分的控制權和決策權轉讓給創業團隊，才能保證創業團隊在獲得剩餘控制權的前提下使企業迅速地適應外界環境的變化，提高決策效率。第二，隨著企業的逐步發展，創業團隊成員對自身人力資源的每一項投資都具有專用性投資的性質。這種專用性投資和創業團隊人力資源存量的專屬性，使得他們對特定企業的依賴性增強。因此，相對於后期加入的股東而言，創業者團隊

---

[1] 向顯湖，鐘文. 試論企業經營者股權激勵與人力資本產權收益 [J]. 會計研究，2010（10）：69.

承擔了較大的剩余風險。

按照傳統的思維，企業員工只能擁有無形資源的狹義所有權和部分收益權，並不擁有無形資源的使用權等其他權利。隨著經濟社會的發展，無形資源的價值創造作用日益提升，使得企業，尤其是創業企業中創始人團隊所擁有的人力資源、組織資源和關係資源成為企業早期成功的關鍵因素。即使在引入了風險投資來擴大企業的業務規模后，無形資源創造的價值依然是企業利潤中起決定作用的部分。因此無形資源所有者必然會要求分配更多的產權以保證企業的價值創造過程和模式在較長時期內不會發生較大變化。

由此可見，雙重股權結構、合夥人制度等新型治理結構的出現都是解決作為管理層的創業團隊與股東之間代理問題的方式，它們之間的差異在於后者採取了一些措施來緩和創業團隊與股東之間權利分配的矛盾。實際上，治理結構問題爭論的關鍵在於對無形資源價值創造的認識以及對無形資源產權配置和衝突的考慮。在這個問題上，資本市場已經走在學術界之前，接受了無形資源產權衝突問題的這一解決方式。學術界可能還需要針對這類治理結構，做出更多的相關研究。

8.5 本章小結

不同時代和經濟背景下企業和資本的產權形式也在不斷進行著演化，不過產權始終支配著企業的價值流動和資源轉換活動。企業進行產權劃分能夠有效提升企業內部的公平與效率，創造更大的價值。無形資源產權問題的提出主要基於兩個原因：首先是無形資源與有形資源相比，其產權具有「異質性」特點；其次是無形資源的價值創造能力已逐步超過有形資源。如果仍

然按照傳統的「資本強權觀」思想進行產權分配，作為無形資源所有者的企業員工只能獲得無形資源的剩餘控制權和部分剩餘索取權，必然會產生產權衝突。企業要解決無形資源價值的分配問題（收益權分配）和企業的經營管理問題（控制權分配），首先必須接受「利益相關者」（stakeholder）產權配置觀，其次還需要根據利益相關者對企業價值貢獻度重新進行產權配置。本章選擇了阿里巴巴集團的產權分配模式進行了分析，對其無形資源水平、經營業績和產權配置等問題進行了全面研究，認為該公司的合夥人模式是一種能有效解決無形資源產權配置衝突的方法。

9 研究總結與研究展望

9.1 研究總結

9.1.1 無形資源及其價值創造機理

無形資源的概念由來已久，這是因為有形資源在經濟發展和企業成長過程中的重要性正在逐漸下降。從20世紀50年代開始，以新古典增長模型、新增長模型等為代表的理論早已論證了「技術」「信息」「知識」等對於經濟增長的舉足輕重的作用。早期的學者如舒爾茨將這些歸集為「人力資本」。不過隨著時間的推移、研究範圍的拓展和研究的深入，單純以人為載體的資源形式已經不足以解釋企業的價值創造過程，那些以組織為載體的資源同樣會給企業帶來競爭對手難以模仿的優勢。本書根據無形資源價值創造特點和當前的研究現狀，對各類型無形資源不同的表述和概念形式進行了梳理和統一，將其納入無形資源的框架範疇中。狹義的無形資源指以員工或企業組織為載體、不具備實物形態、能夠為企業帶來新價值流入且無法以資產列報於財務報表的資源。無形資源包括人力資源、組織資源和關係資源等以企業員工所具備的知識、經驗、能力和技能等為基礎並逐漸延伸至價值網路中的資源。

以知識要素為基礎的生產和競爭環境促進了企業價值網路的形成，價值形成和創造機制也因無形資源的出現而發生了變化，企業價值實際上已經成為包含多重價值屬性的價值網路。在以無形資源為關鍵資源的價值創造體系中，無形資源在資源網路系統中的動態轉換及不同資源要素之間的轉換和耦合，創造了代表新價值的經濟租金並實現了資源的合理配置。如果從實證角度來看，無論是行業層面還是企業層面的無形資源存量都對企業市場價值的提升產生了顯著影響。

9.1.2 企業價值創造方式的演化

從戰略方面看，企業的可持續增長來源於持續的核心競爭力，而這種競爭力，或者稱為持續競爭優勢的財務表現是企業價值的不斷增加。追求價值最大化是企業的基本目標，隨著資本市場的日益完善和全球經濟一體化發展的趨勢，這一目標顯得越來越重要。財務學的研究目的之一是如何通過持續、有效的方法為利益相關者帶來價值增值。儘管學術界和企業的實際管理者都在不斷探索如何維持企業穩定的增長，但是大多時候企業往往難以找到有效的增長方式。在建立持續有效的價值創造能力方面，本書認為有以下兩點啟示：

第一，面對時代的劇變，理論界和實踐界都應意識到決定公司價值創造能力的不僅僅是資金等有形資源，還應包括制度機制、知識技術、創新體系、人力等在內的無形資源的動態累積和合理配置。從宏觀的國家經濟到微觀的企業，當前經濟增長方式的誤區之一就是依賴於資金的大量投入，輕視無實物形態的無形資源的投入與累積。

第二，單純的無形資源存量也不足以支撐企業的可持續發展。有形資源投入可以直接轉換為企業績效，而無形資源必須通過各類資源要素的轉換才能實現價值創造。因此，企業的生

存和獲利問題實際上取決於資源要素之間的轉換、互動等交互活動。各類資源要素價值創造作用的高低並不簡單取決於其存量，還取決於各項資源要素轉換的效率，而後者又取決於價值網路的協調性。

因此，企業要實現持續穩定的增長，僅僅依靠單純的資金的投入是遠遠不夠的，還必須關注企業價值網路無形資源的有效轉換和價值網路的構建和動態演化。

9.1.3 無形資源產權屬性

傳統意義上的資源主要包括資金、固定資產等有形資源，這些資源的剩餘索取權和剩餘控制權一般都集中在資源所有者手中。有形資源具備實物形態，其所有者能夠獲得完整意義上的產權；然而那些不以實物形態存在的無形資源由於必須依附於個人或組織，因此難以形成完整的產權。無形資源與有形資源的最大區別在於前者沒有實物形態，必須直接或間接地依附於個人，以人為載體。它天然地依附於人使得企業無法獲得這些資源的完全所有權，只能通過契約的方式獲取無形資源的部分收益權與控制權。作為無形資源所有者的個人天然地獲得了該資源的剩餘控制權，並根據契約享有部分的剩餘索取權。

9.2 研究不足與研究展望

9.2.1 無形資源實證研究的局限和研究難點

無形資源相關的實證研究方法較多，目前已有的文獻使用過變量迴歸、問卷調研、主成分分析、層次分析、模糊綜合評價、剩餘價值模型等許多方法。會計準則的限制使得無形資源

價值創造的估計方法呈現多樣性和差異性。

儘管方法眾多，但是上述實證方法仍然存在著共同的弊病。首先是獲取數據的難度。由於無形資源無法通過會計信息系統直接反應，因此企業無法以資產存量和折舊形式直接反應其投資和消耗水平，從而使實證研究所需的無形資源投入或成本數據只能通過一些變通方式來獲得，例如本書中採用的是用幾項成本、費用來代替無形資源的成本。儘管相關成本費用與無形資源投資之間存在著因果關係，但是非直接獲取的數據仍然會使得數據的可靠性存在疑問。其次，雖然目前有學者通過調查走訪獲得了企業無形資源的直接數據，但是由於時間和成本的限制，統計樣本的覆蓋範圍難以擴大到全行業，這就會帶來小樣本實證研究的種種局限。正因如此，即使后續的統計分析和建模過程嚴謹、詳實，也會降低研究結論的可信度。

由於無形資源價值創造能力已經逐步超越有形資源，相信在不久的將來會計準則會進行改革，將該部分資源納入無形資產的核算範疇，從而解決無形資源相關財務數據難以獲得的問題。

9.2.2 研究展望

無形資源的研究空間很大。下面僅僅列出值得參考的主題，為后續研究或其他學者研究提供參考。

（1）無形資源計入財務報表

無形資源實證研究的最大障礙在於無形資源成本無法直觀地反應在會計報表中。如果能夠對會計準則中關於無形資產的相關規定進行一定修正，就能夠將無形資源作為資產進行列報。目前，財務會計準則委員會（FASB）對無形資產的定義就能夠囊括一部分關係資源：無形資產是企業通過合同或其他方式獲

得的，能夠獨立於企業存在的資源。① 根據這一定義，企業的客戶關係可以作為無形資產進行列報。對於無形資源以無形資產形式計入資產負債表的問題，需要研究者深入分析無形資源和無形資產的內涵和外延，找到對準則進行修改的突破口。

（2）無形資源與管理會計的結合

管理會計相關問題是近年來理論界探討的熱點問題，它是伴隨著專業化分工日益明細而產生的，其目標在於改善企業經營效率和效果，為企業內部經營決策提供相關信息。具體的管理會計工作包括報告相關信息、解釋相關信息、資源管理、制定預算和鑒定等。這些管理會計工作，又或多或少地會與無形資源產生一定的交集，從而為無形資源的進一步深入研究提供了課題。第一，管理會計涉及對企業資源的管理。由於無形資源在價值創造方面的重要作用，管理會計同樣也應對無形資源的獲取、投入和累積進行充分探討。第二，企業預算的制定。由於無形資源的獲取會消耗相應的有形資源，因此企業需要對無形資源的投入產出情況進行充分的瞭解，才能夠制定相對準確的預算。第三，計量和報告。由於貨幣並非管理會計唯一的計量尺度，因此如何選擇合理的方法對企業無形資源進行計量和報告也將是管理會計的研究重點之一。

（3）無形資源價值評估

無形資源價值評估雖然並不是一個全新的研究主題，但卻是一個國際性學術難題，值得大力研究，其研究的困難性也非常大。實際上，但凡涉及無形資源價值評估的相關問題往往都面臨許多困難，例如各類統計方法的適用環境、不同類型無形資源的估值特點、不同行業所適用的無形資源估值方法以及企業有形資源和無形資源價值之間的聯繫。如何根據現有財務報

---

① 根據 FASB Statements 141 和 141R 整理。

表數據估計企業無形資源價值、利用問卷來評估企業無形資源等問題都值得繼續深入研究。

(4) 國有企業改革問題

國有企業的改革問題一直是理論界和實踐界關注的熱點。《中共中央關於全面深化改革的決定》對國有企業的深化改革進行了全面部署，對國有企業改革提出了「堅持基本經濟制度，堅持市場化改革方向以及堅持政企分開、政資分開、所有權與經營權分離」的總原則。在這一原則的指引下，2013年以來中央全面深化改革領導小組針對國有企業混合所有制結構、高管薪酬等問題出抬了相應的改革政策，不過在政策的具體實施過程中仍然存在著疑問。以混合所有制為例，儘管部分央企早已開始實施引進非公有制資本、員工持股等改革舉措，目前採用混合所有制治理結構的央企已占全部央企的52%之多①，但仍然無法改變國有資本一股獨大的現狀及其所帶來的治理問題。另外，儘管部分國有企業連年虧損，但是其高管仍然能夠獲得動輒超過百萬元的年薪，這顯然與市場化的激勵機制背道而馳。針對國有企業的改革問題，我們同樣也應從無形資源的價值創造觀的視角來思考，根據無形資源在企業價值創造中所起的作用進行產權分配和員工激勵，促進企業和經濟社會的公平與效率。

(5) 無形資源產權配置相關新問題

正如本書第8章所提到的，目前實踐界已經開始使用雙重控股權、「合夥人」制度等來解決無形資源產權配置的衝突。儘管這類在有形資源和無形資源所有者之間分配企業產權的方式能夠解決目前企業存在的公平與效率問題，但是新的產權配置方式同樣也產生了新的委託代理問題、搭便車等機會主義行為

---

① 根據新浪財經相關新聞總結。

以及有形資源所有者出逃或減少投資等問題，這些都需要研究者進一步對其進行分析。

(6) 戰略財務學問題

研究無形資源既是財務學研究企業價值創造的內在要求，也體現了與企業戰略目標的融合。財務學與企業戰略的融合體現在目標的一致性和具體規劃、方法的同步性。站在戰略角度來審視財務學，財務學的內涵、外延、理論框架和研究範圍等都需要進行重新探討。本書所討論的無形資源定義、價值創造、產權配置等問題只是戰略財務學範疇中的一小部分，對於戰略財務學框架內的其他問題還需要進行分門別類的探討。

參考文獻

[1] 布爾迪厄.文化資本與社會煉金術——布爾迪厄訪談錄[M].包亞明,譯.上海:上海人民出版社,1997.

[2] 邊燕杰,等.企業社會資本及其功效[J].中國社會科學,2000(2).

[3] 陳家宏,馬躍,王永杰.論高校無形資產的開發和利用——兼論理工大學的未來發展趨勢[J].中國軟科學,2011(6).

[4] 陳興華,陳旭東.無形資產對企業經營績效的影響研究——基於信息技術行業與非信息技術行業研究[J].財會通訊:綜合版,2010(4).

[5] 陳潔,苑澤明,陳廣前.中國無形資產投資與經營研究:1978—2008[J].生產力研究,2009(18).

[6] 陳立泰,林川.無形資產對公司業績影響的實證檢驗[J].統計與決策,2009(6).

[7] 陳宇家,余宇.對鳥巢無形資產保護的思考[J].廣州體育學院學報,2009(4).

[8] 陳慶修.世界500強企業無形資產的運作[J].中外企業文化,2007(12).

[9] 陳衛程,武斌.自創無形資產確認的探討[J].中國管理信息化,2007(9).

[10] 戴亦欣, 孫榮玲. 無形資產價值實現及其量化 [J]. 中國軟科學, 2000 (7).

[11] 董必榮. 戰略無形資產、商譽與企業持續競爭優勢 [J]. 財會通訊: 學術版, 2006 (9).

[12] 豆建民. 人力資本間接定價機制的實證分析 [J]. 中國社會科學, 2003 (1).

[13] 方潤生, 李垣. 基於關係的資源與企業資源獲取行為的創租機制 [J]. 預測, 2003 (2).

[14] 賀雲龍. 無形資本的識別與確認 [J]. 財經科學, 2010 (5).

[15] 高潔, 蔣衝, 向顯湖. 企業知識資產及其戰略體系構建——基於財務的視角 [J]. 財經科學, 2013 (6).

[16] 葛家澍, 杜興強. 無形資產會計的相關問題: 綜評與探討 (上) [J]. 財會通訊: 綜合版, 2004 (9).

[17] 葛家澍, 杜興強. 無形資產會計的相關問題: 綜評與探討 (下) [J]. 財會通訊: 綜合版, 2004 (10).

[18] 賀啓印. 無形資產營運評價指標淺析 [J]. 財會月刊: 綜合版, 2007 (6).

[19] 胡忠. 中國商業銀行無形資產統計問題研究 [J]. 統計研究, 2007 (2).

[20] 金韻韻. 知識經濟對無形資產計量的影響 [J]. 東北財經大學學報, 2006 (5).

[21] 金建國. 企業無形資源的相關問題探析 [J]. 中國軟科學, 2001 (8).

[22] 賈根良. 報酬遞增經濟學: 回顧與展望 (二) [J]. 南開經濟研究, 1999 (1).

[23] 科斯·哈特, 等. 契約經濟學 [M]. 李風聖, 譯. 北京: 經濟科學出版社, 1999.

［24］李惠斌，等.社會資本與社會發展［M］.北京：社會科學文獻出版社，2000.

［25］李春霞.無形文化遺產保護中的智力產權：現代性全球化的產物［J］.雲南師範大學學報：哲學社會版，2010（3）.

［26］李先瑞.文化創意企業無形資產評估問題探討［J］.國際商務財會，2010（2）.

［27］劉常勇，謝洪明.企業知識吸收能力的主要影響因素［J］.科學學研究，2003（3）.

［28］劉冬梅.談無形資產核算的幾個問題［J］.內蒙古科技與經濟，2010（9）.

［29］李飛，等.關係資源促銷理論：一家中國百貨店的案例研究［J］.管理世界，2011（8）.

［30］李秋陽.關於無形資產準則重要變化的思考［J］.合作經濟與科技，2009（10）.

［31］李海崢，等.中國人力資本測度與指數構建［J］.經濟研究，2010（8）.

［32］李生，於君.無形資本質量的含義影響因素及評價標準［J］.財會月刊，2009（5）.

［33］李先瑞.文化創意企業無形資產評估問題的探討［J］.新東方，2009（12）.

［34］李小娟.淺談農業無形資產特點對其評估方法選擇的影響［J］.經濟研究導刊，2009（31）.

［35］李玉鳳，谷強平，孫偉.試析無形資產確認和計量方法［J］.中國農業會計，2007（11）.

［36］李曉梅.無形資產：資本化還是費用化——相關性與可靠性的權衡［J］.會計之友，2006（5）.

［37］李姚礦，童昱.科技型中小企業無形資產評估中的期權定價模型［J］.合肥工業大學學報：自然科學版，2006（12）.

[38] 李玉霞, 李淑霞. 談無形資產核算應注意的幾個問題 [J]. 經濟師, 2004 (9).

[39] 劉慧. 淺談無形資產的核算 [J]. 商業會計, 2004 (9).

[40] 劉紅萍. 非物質文化遺產保護評價指標體系初探 [J]. 社科縱橫, 2009 (1).

[41] 劉曉靜, 姜忠輝. 無形資產評估方法的比較研究 [J]. 經濟研究導刊, 2009 (34).

[42] 劉愛東. 上市公司無形資產配置與信息披露的統計分析 [J]. 財務與金融, 2008 (3).

[43] 劉方龍, 吳能全.「就業難」背景下的企業人力資本影響機制 [J]. 管理世界, 2013 (12).

[44] 劉志彪, 姜付秀. 基於無形資源的競爭優勢 [J]. 管理世界, 2003 (2).

[45] 劉希宋, 姜樹凱, 張長濤. 基於社會資本的非競爭性知識共享研究 [J]. 情報雜志, 2008 (1).

[46] 柳思維. 論商業企業無形資產及其管理 [J]. 安徽財貿學院學報, 1989 (2).

[47] 婁弘, 李迎春, 王秀霞. 關於改進無形資產核算之我見 [J]. 商業研究, 2004 (14).

[48] 呂瑋. 淺議固定資產與無形資產在會計處理上的比較及其風險防範 [J]. 商業研究, 2006 (6).

[49] 羅斌元. 區域無形資產研究 [J]. 現代企業教育, 2007 (2).

[50] 羅賢慧, 李濤. 對知識經濟時代背景下無形資產核算的探討 [J]. 科技情報開發與經濟, 2006 (17).

[51] 馬傳兵, 謝莉莉. 經營性無形資本融資問題研究——基於滬市上市公司製造業和信息技術行業的實證分析 [J]. 中央

財經大學學報，2010（5）.

[52] 馬曉文. 無形資產探源 [J]. 現代會計，2008（1）.

[53] 馬健誠，梁工謙，胡劍波. 基於主成分分析法的組合無形資產的分割 [J]. 現代製造工程，2007（12）.

[54] 馬傳兵，李春玲. 中國的無形資本現狀與發展建議 [J]. 經濟論壇，2006（6）.

[55] 馬傳兵. 論無形資本擴張的方式和特點 [J]. 經濟體制改革，2006（3）.

[56] 馬傳兵. 論無形資本的擴張性 [J]. 華北電力大學學報：社會科學版，2006（4）.

[57] 馬傳兵. 論無形資本的擴張性與第三次資本擴張 [J]. 中央財經大學學報，2006（7）.

[58] 馬傳兵. 無形資本擴張與發展中國家的對策 [J]. 國家行政學院學報，2005（1）.

[59] 馬傳兵. 對無形資本，知識資本和虛擬資的辨析與反思 [J]. 實事求是，2005（1）.

[60] 馬傳兵. 運用勞動價值論科學分析無形資產 [J]. 當代財經，2003（2）.

[61] 馬傳兵. 無形資產商品屬性研究及其意義 [J]. 商業研究，2003（20）.

[62] 馬德林，朱元午. 無形資產會計研究中的問題與改進 [J]. 會計研究，2005（4）.

[63] 邁克爾·波特. 競爭優勢 [M]. 陳小悅，譯. 北京：華夏出版社，1997.

[64] 茅於軾. 經濟學的世紀性爭論——評西奧多·舒爾茨的《報酬遞增的源泉》[J]. 國際經濟評論，2001（12）.

[65] 梅良勇，謝夢. 基於模糊數學的無形資產質押評估方法及應用 [J]. 湖北大學學報：自然科學版，2010（1）.

[66] 梅良勇, 文豪, 汪海粟. 信息不對稱條件下無形資產減值測度研究——上市公司無形資產減值準備的實證分析 [J]. 財會通訊: 學術版, 2007 (6).

[67] 聶衛東. 自創無形資產的會計確認研究 [J]. 遼寧稅務高等專科學校學報, 2005 (5).

[68] 帕特里克. 價值驅動的智力資本 [M]. 趙亮, 譯. 北京: 華夏出版社, 2002.

[69] 潘雲標. 無形資產核算的重新設計 [J]. 集團經濟研究, 2006 (9).

[70] 彭嵐嘉. 無物質文化遺產與非物質文化遺產的關係 [J]. 西北師大學報: 社會科學版, 2006 (6).

[71] 青木昌彥. 比較制度分析 [M]. 周黎安, 譯. 上海: 上海遠東出版社, 2001.

[72] 裘宗舜, 肖虹. 關於無形資產的特徵, 基本概念及其分類 [J]. 財會月刊, 1998 (3).

[73] 曲豔梅, 李冬, 劉曉東. 高校無形資產評估方法及評估指標體系的研究 [J]. 業務技術, 2009 (8).

[74] 全棟梁. 科研所無形資產管理面面觀 [J]. 華東科技, 2009 (8).

[75] 宋之杰, 谷曉燕. 一種先進製造系統環境無形效益貨幣化評價方法 [J]. 數量經濟技術經濟研究, 2007 (5).

[76] 孫永堯. 無形資產會計最新比較研究 [J]. 中國管理信息化, 2007 (10).

[77] 史建梁, 樊靜. 無形資產的主觀評價——模塊化視角 [J]. 會計之友, 2007 (10).

[78] 邵紅霞, 方軍雄. 中國上市公司無形資產價值相關性研究——基於無形資產明細分類信息的再檢驗 [J]. 會計研究, 2006 (12).

[79] 孫娟.知識經濟下無形資產核算問題商榷［J］.財會研究,2006(8).

[80] 孫姝毅,孔玉生.構建無形資產價值評估體系基本框架的設想［J］.商場現代化,2006(1).

[81] 史志貴.知識經濟時代無形資產會計核算制度創新［J］.生產力研究,2006(5).

[82] 粟源.論知識產權的財產性和稀缺性［J］.知識產權,2005(5).

[83] 蘇東斌,鐘若愚.勞動價值學說略說［M］.北京:中國經濟出版社,2002.

[84] 蘇慧文.關於技術型無形資產評估中的問題分析［J］.中國軟科學,1999(8).

[85] 唐本佑.論人力資源與無形資產的關係［J］.會計之友,2007(3).

[86] 湯湘希,汪海粟,周海濤.信息不對稱條件下無形資產減值測度研究(I)——信息不對稱條件下無形資產減值測度研究與評論［J］.財會通訊:學術版,2006(7).

[87] 湯湘希,周海濤,汪海粟.信息不對稱條件下無形資產減值測度研究(II)——無形資產減值測度的目標、原則、標準及路徑分析［J］.財會通訊:學術版,2006(8).

[88] 湯湘希.基於企業核心競爭力理論的無形資產經營問題研究［J］.中國工業經濟,2004(1).

[89] 湯湘希.無形資產會計研究的誤區及其相關概念的關係研究［J］.財會通訊,2004(7).

[90] 湯湘希.商譽會計的終結與核心競爭力會計的興起［J］.會計之友,2004(7).

[91] 湯湘希.商譽與企業核心競爭力之異同及其相互關係［J］.現代財經,2004(11).

[92] 湯湘希，高文進. 商譽的產生及其與股權投資差額的關係 [J]. 湖北財稅，2003 (9).

[93] 湯湘希，貢峻. 無形資產對企業的價值貢獻及其評價 [J]. 湖北財稅：理論版，2002 (6).

[94] 王廣慶. 對中國無形資產準則的一些思考 [J]. 會計研究，2004 (5).

[95] 王棣華. 中國無形資產會計確認與計量研究 [J]. 河北經貿大學學報，2008 (3).

[96] 王維平，史悅. 試論對現代企業無形資產的四重分類 [J]. 財會研究，2007 (12).

[97] 王祖良，沈月琴，劉菊蓮. 自然保護區無形資源的資產化管理和可持續利用 [J]. 林業資源管理，2007 (6).

[98] 王同律. 要素法在無形資產評估中的應用研究 [J]. 中南財經政法大學學報，2005 (3).

[99] 王維平，劉旭. 廣義無形資產及其功能分析 [J]. 管理世界，2005 (11).

[100] 汪海粟，梅良勇，文豪. 中國企業無形資產減值及其信息報告——基於問卷調查的實證研究 [J]. 管理世界，2009 (1).

[101] 王君彩，羅曉文. 知識類無形資產的定價缺陷探析 [J]. 金融會計，2006 (8).

[102] 王樹祥，唐瓊沅. 無形價值鏈模型及其實證研究 [J]. 生產力研究，2006 (6).

[103] 吳意雲. 網路效應，市場結構與策略性投資 [J]. 浙江社會科學，2008 (4).

[104] 伍中信，朱焱，賀正強. 論以財權配置為核心的企業財務治理體系的構建 [J]. 當代財經，2006 (10).

[105] 向顯湖，李永焱. 試論人力資本融資財務 [J]. 會計研究，2004 (9).

[106] 向顯湖,李永焱.論人力資本產權收益 [J].財經科學,2009 (5).

[107] 向顯湖,李永焱.試論企業組織資本與財務管理創新 [J].金融研究,2009 (2).

[108] 向顯湖,劉天.論表外無形資產:基於財務與戰略相融合的視角 [J].會計研究,2014 (4).

[109] 向顯湖,鐘文.試論企業經營者股權激勵與人力資本產權收益 [J].會計研究,2010 (11).

[110] 許暉,許守任,王睿智.網路嵌入、組織學習與資源承諾的協同演進 [J].管理世界,2013 (10).

[111] 甄永輝,李海燕,秦剛.關于新舊會計準則下無形資產的比較分析 [J].統計與決策,2007 (8).

[112] 朱焱,張孟昌.企業管理團隊人力資本、研發投入與企業績效的實證研究 [J].會計研究,2013 (11).

[113] AAKER D A, R JACOBSON. The Value Relevance of Brand Attitude in High-Technology Markets [J]. Journal of Marketing Research, 2001 (38).

[114] BAKER, MALCOLM, JEREMY C, et al. When does the market matter? Stock prices and the investment of equity-dependent firms [J]. Quarterly Journal of Economics, 2002 (118).

[115] BALLESTER M, J LIVNAT, N SINHA. Labor costs and investments in human capital [J]. Journal of Accounting. Auditing & Finance, 2002, 10 (17).

[116] BANKER R D, S PRECISION, et al. Sensitivity and Linear Aggregation of Signals for Performance Evaluation [J]. Journal of Accounting Research, 1989, 27 (9).

[117] BUSHMAN R M, INDJEJIKIAN R J. Accounting Income, Stock-price, and Managerial Compensation [J]. Journal of

Accounting and Economics, 1993, 16 (9).

[118] BAIMAN S, VERRECCHIA R E. Earnings and Price-based Compensation Contracts in the Presence of Discretionary Trading and Incomplete Contracting [J]. Journal of Accounting and Economics, 1995, 20 (1).

[119] CHRISTENSEN P O, DEMSKI J S, FRIMOR H. Accounting Policies in Agencies with Moral Hazard and Renegotiation [J]. Journal of Accounting Research, 2002, 40 (4).

[120] CHRISTENSEN P O, FELTHAM G A, SABAC F. Dynamic -Incentives and Responsibility Accounting: A Comment [J]. Journal of Accounting and Economics, 2003 (35).

[121] CORONA C. Dynamic Performance Measurement with Intangible Assets [D]. Stanford University, 2003.

[122] CHARLES ASPDEN, OECD. Amortisation of Intangible Non-produced Assets-Issue 28 [J]. Meeting of the AEG, Frankfurt, 2006 (1/2).

[123] DUTTA S, REICHELSTEIN S. Asset Valuation and Performance Measurement in a Dynamic Agency Setting [J]. Review of Accounting Studies, 1999, 4 (3/4).

[124] DUTTA S, REICHELSTEIN S. Performance Measurement in Multi-period Agencies [J]. Journal of Institutional and Theoretical Economics, 1999, 155 (1).

[125] DUTTA S, REICHELSTEIN S. Stock Price, Earnings, and Book Value in Managerial Performance Measures [J]. The Accounting Review, 2005, 80 (4).

[126] DEMSKI J S, FRIMOR H. Performance Measure under Renegotiation in Multi-period Agencies [J]. Journal of Accounting Research, 1999 (37).

[127] DIKOLLI S S. Agent Employment Horizons and Contracting Demand for Forward-looking Performance Measures [J]. Journal of Accounting Research, 2001, 39 (3).

[128] DIKOLLI S S, KULP S C, SEDATOLE K L. The Role of CEO and Investor Horizons in the Contracting Use of Forward-looking Performance Measures [N]. NOM Working Paper, 2003.

[129] DUTTA S, REICHELSTEIN S. Leading Indicator Variables, Performance Measurement, and Long Term Versus Short-term Contracts [J]. Journal of Accounting Research, 2003, 41 (5).

[130] FUDENBERG D, HOLMSTROM B, MILGROM P. Short-term Contracts and Long-term Agency Relationships [J]. Journal of Economic Theory, 1990, 51 (1).

[131] FUDENBERG D, TIROLE J. Moral Hazard and Renegotiation in Agency Contracts [J]. Econometrica, 1990, 58 (6).

[132] HAMILTON, WILLIAM ROWAN. On a General Method in Dynamics [J]. Philosophical Transactions of the Royal Society, 1834.

[133] HERMALIN B E, KATZ M L. Moral Hazard and Verifiability: The Effects of Renegotiation in Agency [J]. Econometrica, 1991, 59 (6).

[134] HAUSER J R, SIMEATER D I, WERNERFELT B. Customer Satisfaction Incentives [J]. Marketing Science, 1994, 13 (4).

[135] INDJEJIKIAN R, NANDA D. Dynamic Incentives and Responsibility Accounting [J]. Journal of Accounting and Economics, 1989, 27 (2).

[136] ITTNER C D, LARCKER D F, RAJAN M V. The Choice of Performance Measures in Annual Bonus Contracts [J]. the Accounting Review, 1997, 72 (2).

[137] ITTNER C D, LARCKER D F. Coming up Short on No Financial Performance Measurement [J]. Harvard Business Review, 2003, 81 (11).

[138] ITTNER C D, LARCKER D F, MEYER M W. Subjectivity and the Weighting of Performance Measures: Evidence from a Balanced Scorecard [J]. The Accounting Review, 2003, 78 (3).

[139] JI Y, C FU. Empirical Study on the relationship between intellectual capital and corporate value: A quantile regression approach [J]. Management and Service Science, 2009 (9).

[140] KAPLAN R S, NORTON D P. The Balanced Scorecard: Measures That Drive Performance [J]. Harvard Business Review, 1992, 70 (1).

[141] KAPLAN R S, NORTON D P. The Balanced, scorecard [M]. Boston: Harvard Business School Press, 1996.

[142] KIM O, SUH Y. Incentive Efficiency of Compensation Based on Accounting and Market Performance [J]. Journal of Accounting and Economics, 1993 (16).

[143] KLOCK M, C F BAUM, C F THIES. Tobin's Q, intangible capital, and financial policy [J]. Journal of Economics and Business, 1996, 48 (4).

[144] LAITNER, JOHN, DMITRIY STOLYAROV. Technological change and the stock market [J]. The American Economic Review, 2003, 93 (4).

[145] OLIVEIRA, LIDIA, LUCIA LIMA RODRIGUES, et al. Intangible assets and value relevance: evidence from the Portuguese stock exchange [J]. The British Accounting Review, 2010 (42).

[146] PORTER, MICHAEL E. Competition in Global Industries [M]. Boston: Harvard Business School Press, 1986.

[147] REY P, SALANIE B. Long-term, Short-term and Renegotiation: On the Value of Commitment in Contracting [J]. Econometrica, 1990, 58 (3).

[148] REY P, SALANIE B. On the Value of Commitment with Asymmetric Information [J]. Econometrica, 1996, 64 (4).

[149] ROGERSON W P. Intertemporal Cost Allocation and Managerial Investment Incentives: A Theory Explaining the Use of Economic Value Added As a Performance Measure [J]. Journal of Political Economy, 1997, 105 (4).

[150] SLIWKA. On the Use of No Financial Performance Measures in Management Compensation [J]. Journal of Economics and Management Strategy, 2002, 11 (3).

[151] SUBRAHMANYAM, AVANIDHAR, SHERIDAN TITMAN. The going-public decision and the development of financial markets [J]. The Journal of Finance, 1999 (3).

[152] VILLALONGA, BELEN, INTANGIBLE RESOURCES. Tobin's q, and sustainability of performance differences [J]. Journal of Economic Behavior and Organization, 2004 (54).

[153] WANG F, Y XU. What Determines Chinese Stock Returns? [J]. Financial Analysts Journal, 2004, 60 (6).

[154] WANG, YAPING, LIANSHENG WU, et al. Does the stock market affect firm investment in China? A price informativeness perspective [J]. Journal of Banking and Finance, 2009 (33).

[155] YANG XIAOKAI, NG, YEW-KWANG. Theory of the Firm and Structure of Residual Rights [J]. Journal of Economic Behavior and Organization, 1995 (26).

國家圖書館出版品預行編目(CIP)資料

基於企業價值創造的無形資源問題研究/邱凱、李海英 著.-- 第一版.
-- 臺北市：崧博出版：財經錢線文化發行，2018.10

面； 公分

ISBN 978-957-735-531-7(平裝)

1.企業管理 2.資產管理

494.1　　　　107016288

書　名：基於企業價值創造的無形資源問題研究
作　者：邱凱、李海英 著
發行人：黃振庭
出版者：崧博出版事業有限公司
發行者：財經錢線文化事業有限公司
E-mail：sonbookservice@gmail.com
粉絲頁　　　　網　址：
地　址：台北市中正區延平南路六十一號五樓一室
8F.-815, No.61, Sec. 1, Chongqing S. Rd., Zhongzheng Dist., Taipei City 100, Taiwan (R.O.C.)
電　話：(02)2370-3310　傳　真：(02) 2370-3210
總經銷：紅螞蟻圖書有限公司
地　址：台北市內湖區舊宗路二段 121 巷 19 號
電　話：02-2795-3656　傳真：02-2795-4100　網址：
印　刷：京峯彩色印刷有限公司（京峰數位）

　　本書版權為西南財經大學出版社所有授權崧博出版事業有限公司獨家發行電子書及繁體書繁體版。若有其他相關權利及授權需求請與本公司聯繫。

定價：350元

發行日期：2018 年 10 月第一版

◎ 本書以POD印製發行